Maximilian Dreher
Dietmar Ernst

Mergers & Acquisitions

Grundlagen und Verkaufsprozess mittlerer und großer Unternehmen

UVK Verlagsgesellschaft mbH · Konstanz
mit UVK/Lucius · München

Maximilian Dreher forschte im Rahmen seiner Bachelor-Thesis zum Thema „Mergers & Acquisitions" an der European School of Finance der Hoschschule für Wirtschaft und Umwelt (HfWU) in Nürtingen.
Prof. Dr. Dr. Dietmar Ernst ist Professor für Corporate Finance an der European School of Finance der Hochschule für Wirtschaft und Umwelt (HfWU) in Nürtingen.

Online-Angebote oder elektronische Ausgaben sind erhältlich unter www.utb-shop.de.

Bibliografische Information der Deutschen Bibliothek
Die Deutsche Bibliothek verzeichnet diese Publikation in der Deutschen Nationalbibliografie; detaillierte bibliografische Daten sind im Internet über <http://dnb.ddb.de> abrufbar.

Einbandgestaltung: Atelier Reichert, Stuttgart
Cover-Bild: © victoria p. – fotolia.com
Druck und Bindung: fgb · freiburger graphische betriebe, Freiburg

UVK Verlagsgesellschaft mbH
Schützenstr. 24 · 78462 Konstanz
Tel. 07531-9053-0 · Fax 07531-9053-98
www.uvk.de

UTB-Nr. 4203
ISBN 978-3-8252-4203-9

Vorwort

Angesichts der zunehmenden Globalisierung und der damit einhergehenden Internationalisierung der Märkte sehen sich Unternehmen unterschiedlichster Größenklassen einer ansteigenden Wettbewerbsintensität ausgesetzt. Die Öffnung neuer Märkte, wie z.B. Asien, Südamerika oder Osteuropa, der Abbau traditioneller Markteintrittsbarrieren und die Sättigung der Heimatmärkte drängen Unternehmen dazu, die Initiative zu ergreifen. „Nicht die Großen fressen die Kleinen, sondern die Schnellen die Langsamen.“[1]

Heutzutage stellen „Mergers & Acquisitions“ (M&A) für diverse Unternehmen ein essenzielles Instrument der strategischen Unternehmensführung dar. Das Credo ist, dank anorganischem Wachstum, zügiger und stärker zu wachsen als die Konkurrenz. Das Phänomen macht die Runde und somit zählt M&A nicht nur zum Standardrepertoire von Konzernlenkern, sondern gewinnt auch zunehmend in den Köpfen mittelständischer Unternehmen an Bedeutung. Was anfänglich noch eine Art exklusiver „Country Club“ für Großunternehmer war, wurde längst von den Entscheidungsträgern im Mittelstand als wichtiges Wachstumselement identifiziert. Wer M&A lediglich als Kür und nicht als Pflicht versteht, verfehlt mit dieser Einschätzung die Tragweite dieses Instruments.

Firmenfusionen und übernahmen sind hochkomplexe und zeitaufwendige Projekte, die beispielsweise durch Wachstumswünsche, Restrukturierungen oder Nachfolgeregelungen initiiert werden. Aufgrund zahlreicher endogener und exogener Einflüsse gleicht keine M&A-Transaktion, auf der Detailebene, einer anderen. An ein Patentrezept kann man sich im Zusammenhang mit einer Fusion oder Übernahme zwar nicht halten, jedoch hilft den Transaktionsbeteiligten die Orientierung an etablierten Prozess-Meilensteinen, um die Erfolgschancen wesentlich zu erhöhen.

---

[1] Furtner (2011), S. 20

Trotz der zunehmenden Bedeutung von M&A-Transaktionen entpuppen sich rund 56 % aller Fusionen und Übernahmen als Misserfolge.[2] „Drum prüfe, wer sich ewig bindet, ob sich das Herz zum Herzen findet! Der Wahn ist kurz, die Reu' ist lang", heißt es im Gedicht „Das Lied von der Glocke" (1799) von Friedrich Schiller, in dem er vor der blinden Euphorie bei der Wahl des Ehepartners warnte. Viele Unternehmensleiter scheinen nicht zu erkennen, dass diese weisen Worte nicht nur für die Eheschließung zweier Menschen gelten. Im Jahr 1998 wurde zum Beispiel die Fusion der Daimler-Benz AG mit der Chrysler Corporation zunächst als historisches Ereignis gefeiert. Jedoch nach zwei Jahren kriselte diese Ehe bereits und im Jahr 2007 wurde schließlich die Scheidung vollzogen. Der Fall Daimler-Chrysler ist eine von vielen gescheiterten Unternehmenstransaktionen. Solche Fehlentscheidungen werden jedoch nicht nur bei Großunternehmen, sondern auch im Mittelstand getroffen. Im Mittelstand kann jedoch das Scheitern von Unternehmenstransaktionen existenzbedrohend sein.

Der Erfolg eines M&A-Vorhabens hängt maßgeblich von einer optimalen Transaktionsvorbereitung, einer zügigen Transaktionsdurchführung und der Erfahrung der involvierten Parteien ab. Wer sich unvorbereitet in eine Transaktion wagt und das Momentum nicht erkennt, wird dies später teuer bezahlen müssen. Der Prozess muss also sowohl vom Käufer als auch vom Verkäufer sorgfältig vorbereitet und ausgeführt werden.

„Wir behalten von unseren Studien am Ende doch nur das, was wir praktisch anwenden."[3] Entsprechend diesem Zitat von Johann Wolfgang von Goethe ist dieses Buch als praxisnaher M&A-Leitfaden konzipiert. Neben der Auseinandersetzung mit wichtigen Grundlagen im Bereich Mergers & Acquisitions steht vor allem eine strukturierte und fundierte Untersuchung der einzelnen Prozessschritte eines typischen Unternehmensverkaufs im Mittelpunkt der Betrachtung. Dabei werden zudem an relevanten Prozessstellen spezifische Unterschiede zwischen einem Unternehmensverkauf

---

[2] Vgl. Wirtz (2012), S. 7

[3] Schefter.net (2013)

von mittelständischen Unternehmen (Mid-Caps) und Großunternehmen (Large-Caps) erörtert.

Es sei noch gesagt, dass M&A für Großunternehmen und Mittelständler zum Handwerkszeug gehört und beide Gruppen sollten „(...) M&A as a weapon for competitive advantage"[4] verstehen.

Wir danken dem Verlag UVK Lucius, dieses spannende Thema gemeinsam mit uns anzugehen. Herr Dr. Schechler von UVK Lucius hat uns in allen Schritten der Bucherstellung professionell unterstützt, wofür wir ihm herzlich danken wollen.

Für Fragen, Anregungen, Kritik (und gerne auch Lob) stehen wir den Lesern unter info@dicf.de gerne zur Verfügung.

Wir wünschen allen Lesern eine interessante und erkenntnisreiche Lektüre.

Maximilian Dreher und Dietmar Ernst

Hinweis zu den Symbolen:

Texte mit diesem Symbol kennzeichnen die wichtigsten Fachbegriffe zum Thema M&A.

Dieses Symbol findet sich an den Stellen, an denen explizit auf Unterschiede im M&A-Prozess für kleine und mittlere Unternehmen sowie für Großunternehmen eingegangen wird.

Nützliche Checklisten werden durch dieses Symbol gekennzeichnet.

[4] Bain & Company (Hrsg.) (2013), S. 8

Inhaltsverzeichnis

Abbildungsverzeichnis

Tabellenverzeichnis

Abkürzungsverzeichnis

ABS	Asset Backed Securities
AG	Aktiengesellschaft
APV	Adjusted Present Value
BATNA	Best Alternative To a Negotiated Agreement
Bio.	Billionen
Capex	Capital Expenditure
CBO	Corporate Buy-Out
CBR	Confidential Business Report
CEO	Chief Executive Officer
CFO	Chief Financial Officer
CFtE	Cash Flow to Equity
DAX	Deutscher Aktienindex
DCF	Discounted Cash Flow
DD	Due Diligence
EBIT	Earnings before interest and taxes
EBITDA	Earnings before interest, taxes, depreciation and amortization
EqV	Equity Value
EU	Europäische Union
EURm	Millionen Euro
EV	Enterprise Value

Fed	Federal Reserve Bank
GfdS	Gesellschaft für deutsche Sprache
GmbH	Gesellschaft mit beschränkter Haftung
GmbH & Co. KG	Gesellschaft mit beschränkter Haftung & Compagnie Kommanditgesellschaft
IfM	Institut für Mittelstandsforschung
IFRS	International Financial Reporting Standards
IRR	Internal Rate of Return
KMU	Kleine und mittlere Unternehmen
KPMG	Klynveld, Peat, Marwick und Goerdeler
LBO	Leveraged Buy-Out
LOI	Letter of Intent
M&A	Mergers & Acquisitions
MAC	Material Adverse Changes
MBI	Management Buy-In
MBO	Management Buy-Out
Mio.	Millionen
Mrd.	Milliarden
n.a.	Not available
NDA	Non Disclosure Agreement
oFCF	operativer Free Cash Flow
PMI	Post-Merger-Integration
PwC	PricewaterhouseCoopers

ROI	Return on Investment
S&P	Standard & Poor's
SME	Small and medium sized enterprises
SPC	Special Purpose Company
SPV	Special Purpose Vehicle
SWOT	Strengths, Weaknesses, Opportunities, Threats
US-GAAP	United States Generally Accepted Accounting Principles
USA	United States of America
USD	United States Dollar
USDm	Millionen United States Dollar
USPs	Unique Selling Propositions
VDD	Vendor Due Diligence
WACC	Weighted Average Cost of Capital

1 Das Fundament der Betrachtung

In den letzten Jahrzenten haben bestimmte Begriffe und Entwicklungen aufgrund ihrer inhaltlichen und konzeptionellen Innovationskraft ein außerordentliches Prestige erlangt. Mergers & Acquisitions gehört zu diesen Phänomenen. Speziell in den letzten Jahren hat dieser Begriff durch medial begleitete M&A-Aktivitäten von Großunternehmen einen besonderen Stellenwert in der internationalen Wirtschaftspresse und zugleich in der internationalen Wirtschaft eingenommen. Ein Beispiel für die Wirkung von M&A als Publikumsmagnet war die geplante Übernahme von Volkswagen durch Porsche, die dann in einer Übernahme von Porsche durch Volkswagen endete.

In diesem Kapitel werden die **nachfolgenden Fragen** geklärt:

- Was versteht man unter Mergers & Acquisitions?
- Welche Entwicklung hat der amerikanische M&A-Markt durchlaufen?
- Welche aktuellen Entwicklungen sind auf dem globalen M&A-Markt zu beobachten?
- Welche Strategieüberlegungen sind im Vorfeld einer M&A-Transaktion notwendig?

1.1 Der Begriff „Mergers & Acquisitions"

Allgemein gibt es für den Begriff Mergers & Acquisitions in der heutigen Literatur und im Praxisgebrauch **keine standardisierte Definition.** Nachfolgend soll deshalb ein Verständnis für diese Begrifflichkeit anhand ausgewählter Definitionen geschaffen werden (siehe auch Abbildung 1-1):

[1] „Mergers & Acquisitions (M&A) sind Fusionen und Übernahmen von Unternehmen bzw. deren Teilbereichen oder Tochtergesellschaften.“[5]

[2] Der Begriff „Fusion“ (Merger) beschreibt den Zusammenschluss zweier selbständiger Unternehmen zu einer wirtschaftlichen sowie rechtlichen Einheit. Eine „Akquisition“ (Acquisition) stellt den Erwerb eines bis dahin eigenständigen Unternehmens bzw. eines Unternehmensteils dar. Im Rahmen einer Akquisition verliert das Zielunternehmen[6] seine wirtschaftliche, jedoch nicht zwingend seine rechtliche Selbständigkeit.

[3] „M&A – auf Deutsch Fusion von Unternehmen und Erwerb von Unternehmen oder Unternehmensanteilen – steht für alle Vorgänge im Zusammenhang mit der Übertragung und Belastung von Eigentumsrechten an Unternehmen einschließlich der Konzernbildung, der Umstrukturierung von Konzernen, der Verschmelzung und Umwandlung im Rechtssinne, dem Squeeze-out[7], der Finanzierung des Unternehmenserwerbs, der Gründung von Gemeinschaftsunternehmen sowie der Übernahme von Unternehmen.“[8]

[4] „Der aus dem US-amerikanischen Investmentbanking stammende Begriff Mergers & Acquisitions (M&A) umschreibt den Handel (Kauf/Verkauf) mit Unternehmen, Unternehmensteilen und Unternehmensbeteiligungen und wird mit Fusionen und Unternehmensübernahmen

---

[5] Wirtz (2012), S. 11

[6] Das Zielunternehmen („Target“) ist bei einem Unternehmensverkauf das zum Verkauf stehende Unternehmen und bei einem Unternehmenskauf das zum Kauf stehende Unternehmen.

[7] Ein Squeeze-Out ist ein Ausschlussverfahren zur Übertragung von Aktien der Minderheitsaktionäre auf den Hauptaktionär gegen eine angemessene Barabfindung.

[8] Mohr; Bärtl (2012), S. 238

übersetzt. In einer weiten Fassung umfasst er auch Kooperationen (Joint Venture, Allianzen etc.)."[9]

[5] „M&A is a careful blend of art and science. On one hand it is multidisciplinary, complex and analytical. On the other, it is all about people, relationships, nuances, timing and instinct. This dynamic produces opportunity coupled with conflict, ambiguity and challenges, all supporting an exhilarating business ripe for those seeking to create value."[10]

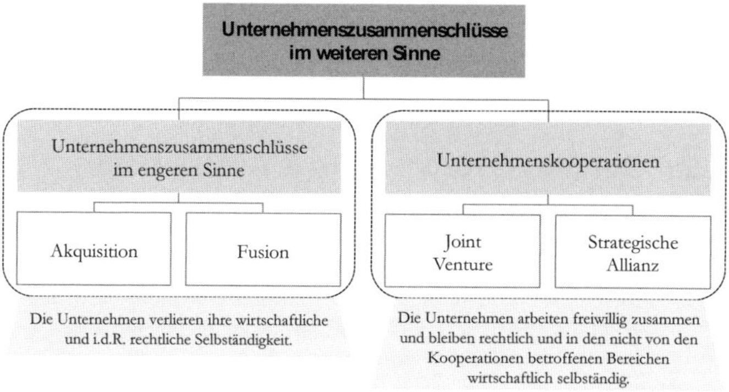

Abbildung 1-1: Formen von Unternehmenszusammenschlüssen[11]

Um den M&A-Prozess zu beschreiben, haben sich in der Praxis folgende **zwei Betrachtungsansätze** bewährt:

- Geschäftsansatz
- Dienstleistungsansatz

[9] Wirtz (2012), S. 11

[10] Marks et al. (2012), S. XVIII

[11] Quelle: Eigene Darstellung in Anlehnung an: Wirtz (2012), S. 13

Im Rahmen des **Geschäftsansatzes** wird der M&A-Prozess aus Sicht der handelnden Unternehmen beschrieben. Diese Sichtweise ist hauptsächlich im anglo-amerikanischen Bereich vertreten.

In der deutschsprachigen Literatur hingegen hat sich der **Dienstleistungsansatz** etabliert. Er beschreibt Dienstleistungen die durch Investmentbanken, M&A-Boutiquen, Rechtsanwaltskanzleien und Wirtschaftsprüfungsgesellschaften angeboten werden. Mit Blick auf die Investmentbanken und M&A-Boutiquen reicht deren Beratungsangebot „von der Entscheidungsfindung einer Verkaufs- oder Übernahmestrategie über die Auswahl potenzieller Zielunternehmen und deren Bewertung bis hin zu den entsprechenden Übernahmeverhandlungen mit dem abschließenden Geschäftsabschluss."[12]

1.2 Der Markt für Mergers & Acquisitions

Vor allem in den USA können Mergers & Acquisitions auf eine lange Tradition zurückblicken. Bereits zur Zeit der industriellen Revolution wurden zahlreiche Unternehmenstransaktionen abgeschlossen. Heute setzt sich der Trend auf globaler Ebene fort.

1.2.1 Das Phänomen der US-amerikanischen „M&A-Wellen"

Der Markt für M&A ist durch das periodische Erscheinen von Auf- und Abschwüngen geprägt. Ähnlich wie der Konjunkturverlauf bewegt sich das M&A-Geschehen der letzten 100 Jahre ebenfalls in **Wellenform** (siehe Abbildung 1-2). Dabei haben die einzelnen Merger-Wellen zwar unterschiedliche Treiber, aber als Auslöser lassen sich historisch stets externe Schocks feststellen, die in den betroffenen Branchen und Märkten einen Anpassungsdruck erzeugten.[13] Die Aufschwünge der einzelnen Wellen sind meist auf

[12] Ernst; Häcker (2011), S. 2

[13] Vgl. Behringer (2013), S. 40

wirtschaftliche Veränderungen, politische Entscheidungen oder technische Innovationen zurückzuführen. Die Abschwünge hingegen sind Folge von wirtschaftlichen Krisen und Rezessionen der Weltwirtschaft.[14]

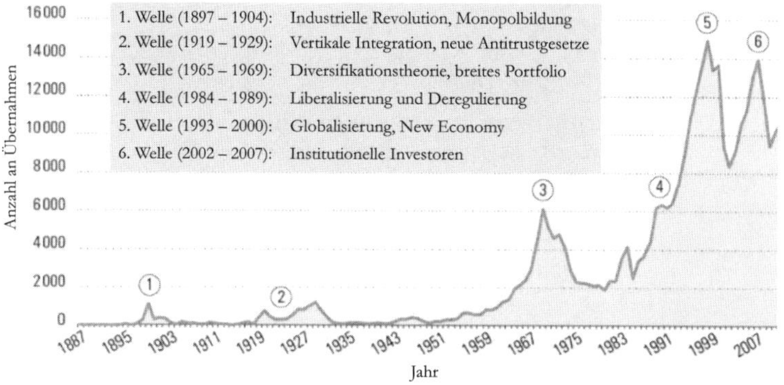

Abbildung 1-2: Die sechs M&A-Wellen (mit Beteiligung von US-Unternehmen)[15]

[1] ***Erste Welle***: Die erste Merger-Welle vollzog sich gegen Ende des 19. Jahrhunderts, vornehmlich in den USA. Treibende Kraft hinter dieser Bewegung war die industrielle Revolution. Sie führte zu einer großen Welle von überwiegend horizontalen Zusammenschlüssen in der Schwerindustrie, mit dem Ziel der Vermeidung von Überkapazitäten und Preisdegression.[16]

[2] ***Zweite Welle***: Die zweite M&A-Welle in den 1920er Jahren (sog. „Roaring Twenties“) wurde von neuen Anti-

[14] Vgl. Jansen (2008), S. 131

[15] Quelle: Eigene Darstellung in Anlehnung an: Neue Züricher Zeitung (2013): „Kein Übernahmefieber trotz Aktien-Hausse“

[16] Vgl. Wirtz (2012), S. 96

trustgesetzen und einem wirtschaftlichen Aufschwung angestoßen. Daraufhin ereigneten sich zahlreiche vertikale Integrationen von Unternehmen, welche in der Wertschöpfungskette vor- bzw. nachgelagert waren. Der anschließende Abschwung war eine Folge der Weltwirtschaftskrise 1929 (Startzeitpunkt: sog. „Black Friday"), die zu einem Rückgang der M&A-Transaktionen von 85 Prozent innerhalb eines Jahres führte.[17]

[3] ***Dritte Welle***: In den 1960er Jahren konnte die nächste M&A-Welle festgestellt werden, die durch Übernahmen im Energiesektor und in der industriellen Massenproduktion gekennzeichnet war. Auslöser war diesmal der Wunsch der Unternehmen nach Portfolioerweiterungen und Diversifikation. Als Resultat entstanden mehrere breit aufgestellte Konglomerate.[18]

[4] ***Vierte Welle***: Die vierte M&A-Welle ereignete sich in den 1980er Jahren und wird auch als „Merger Mania" bezeichnet. Triebfeder waren die Liberalisierung der Monopol- und Steuergesetze und die positiven wirtschaftlichen Zukunftsaussichten. Es kam zu zahlreichen primär horizontalen Unternehmenszusammenschlüssen, die auf die Nutzung von Synergiepotenzialen zurückzuführen sind. Ein weiteres Merkmal dieser Welle war die erstmals hohe Anzahl an feindlichen und stark fremdfinanzierten Übernahmen.[19]

[5] ***Fünfte Welle***: Die fünfte M&A-Welle wurde durch die zunehmende wirtschaftliche Globalisierung und damit einhergehende wettbewerbliche sowie technologische Veränderungen ausgelöst. Sie vollzog sich in den 1990er Jahren und war, anders als die vorherigen Wellen, besonders von Mega-Deals, wie dem Zusammenschluss

---

[17] Vgl. Lucks; Media Planet (Hrsg.) (2009), S. 2 und Wirtz (2012), S. 96

[18] Vgl. Wirtz (2012), S. 97

[19] Vgl. Wirtz (2012), S. 97

von Daimler-Benz und Chrysler, geprägt. Zudem spielte der Hype um sogenannte Dotcom-Unternehmen eine große Rolle. Mit dem Ende der „New Economy“[20] begab sich auch diese Welle wieder auf Talfahrt.[21]

[6] ***Sechste Welle***: Von 2002 bis 2007 konnte die sechste M&A-Welle festgestellt werden. Sie wurde durch deregulierte Welt- und Finanzmärkte begünstigt und durch die Erholung der Weltwirtschaft sowie durch die positive Entwicklung der Schwellenländer angetrieben. Hauptakteure in dieser Phase waren in erste Linie institutionelle Investoren (z.B. Private Equity und Hedgefonds), die einen Löwenanteil der globalen Transaktionen finanzierten. Das Platzen der Kreditblase auf dem US-Immobilienmarkt im Jahr 2007 markierte das Ende dieser M&A-Welle und führte zu einer weitreichenden Kreditklemme in zahlreichen Märkten.[22]

[7] ***Siebte Welle***: Offiziell wird noch nicht von einer siebten M&A-Welle gesprochen, jedoch zeichnen sich deutliche Tendenzen dafür ab. Die fortschreitende Globalisierung, neue Technologien und zugleich prall gefüllte Kriegskassen diverser Unternehmen lassen eine siebte M&A-Welle bereits erahnen. Der Start wird derzeit noch aufgrund von Unsicherheiten durch die EU-Schuldenkrise und die geplanten geldpolitischen Maßnahmen der Fed gebremst.[23]

---

[20] Bezeichnung für Wirtschaftsbereiche, die im Zusammenhang mit der Verbreitung des Internets und der Computer aufkamen und die wirtschaftlichen Abläufe teilweise grundlegend änderten.

[21] Vgl. Wirtz (2012), S. 97 f.

[22] Vgl. Wirtz (2012), S. 98

[23] Vgl. Furtner (2011), S. 16

Abschließend werden drei **wichtige Erkenntnisse** im Zusammenhang mit den beobachteten M&A-Wellen aufgelistet:[24]

- Die Depressionsphasen zwischen den einzelnen M&A-Wellen werden stetig kürzer.
- Die Anstiege zu Beginn und die Abstürze nach jeder Welle verlaufen sehr steil.
- Die Dauer der einzelnen M&A-Wellen wird immer kürzer.

1.2.2 Aktuelle Entwicklungen auf dem M&A-Markt

Der **deutsche Markt** für Unternehmensübernahmen und -fusionen ist im Vergleich zu den USA oder Großbritannien nach wie vor schwächer entwickelt. Das weltweite Transaktionsvolumen bei M&A-Transaktionen betrug 3.330 Milliarden US-Dollar im Jahr 2008. Davon waren 32,4 Prozent den USA und lediglich 5,3 Prozent Deutschland zuzuschreiben.[25] Ferner stellt der M&A-Markt in Deutschland ein verhältnismäßig junges Phänomen dar. Während die USA bereits Ende des 19. Jahrhunderts einen ersten starken Anstieg der M&A-Aktivität verzeichnen konnten, begann sich der Markt für M&A in Deutschland erst mit der Wiedervereinigung zu entwickeln. Hauptsächlich in den Jahren 1999 und 2000 standen Big-Deals, wie etwa Vodafone-Mannesmann oder Daimler-Chrysler, im Mittelpunkt. Allerdings ist der Markt für M&A in Deutschland bereits zwei Jahre später fast zusammengebrochen, bis schließlich im Jahr 2005 wieder ein steigendes Transaktionsvolumen zu beobachten war.[26]

Die **Finanzkrise** (laut Gesellschaft für deutsche Sprache (GfdS) das „Wort des Jahres 2008") verursachte dann einen Abwärtstrend seit Mitte 2007, der sich in 2008 drastisch verschärfte.[27] Seinen Tiefpunkt hatte der Abwärtstrend Mitte 2009. Diese Talsohle konnte

---

[24] Vgl. Furtner (2011), S. 17

[25] Vgl. Kunisch; Müller-Stewens (Hrsg.) (2009), S. 48

[26] Vgl. Raupach (2007), S. 204

[27] Vgl. Gesellschaft für deutsche Sprache (GfdS) (2008)

hinsichtlich der M&A-Aktivitäten auf globaler Ebene im Jahr 2010 durchschritten werden, woraufhin das Geschäft mit Fusionen und Übernahmen wieder anzog.[28]

Mit Blick auf das weltweite M&A-Geschehen wurde das Jahr 2012 von der **europäischen Schuldenkrise**, der Unsicherheit über die zukünftige **amerikanische Fiskalpolitik** und den **mäßigen Konjunkturaussichten** geprägt. Die Transaktionsaktivität in 2012 nahm, im Vergleich zu 2011, weiterhin ab. Das Gesamtvolumen der angekündigten Transaktionen belief sich in 2012 auf ca. 2.743 Mrd. USD und lag damit 1,2 % unter dem Vorjahresergebnis (2011: 2.777 Mrd. USD). Auch die Anzahl der in 2012 angekündigten Transaktionen lag mit 42.809 ca. 5,2 % unterhalb der Vorjahresmarke. Wie auch schon im Vorjahr wurden die meisten Transaktionen in den beiden ersten Quartalen abgeschlossen, während die zweite Jahreshälfte eine geringere Dynamik aufwies. Weiterhin fand mit einem Transaktionsvolumen von ca. 904,5 Mrd. USD jede dritte weltweite M&A-Transaktion grenzüberschreitend statt. Im Hinblick auf die wichtigsten M&A-Regionen führen weiterhin die USA mit etwa 33 % des globalen M&A-Volumens das Ranking an.[29]

Betrachtet man den **deutschen M&A-Markt** in 2012, so lässt sich auch hier eine rückläufige Anzahl an M&A-Transaktionen feststellen. Wurden in 2011 noch 974 Deals mit deutscher Beteiligung registriert, reduzierte sich diese Zahl im Jahr 2012 um 5,9 % auf 917 Deals (siehe Abbildung 1-3). Gründe hierfür lassen sich in der EU-Schuldenkrise und der allgemeinen Unsicherheit der Marktteilnehmer identifizieren. Entgegen der Abnahme der Transaktionsanzahl hat sich das Deal-Volumen in Deutschland von 60 Mrd. USD in 2011 auf 73,4 Mrd. USD in 2012 erhöht. Zieht man einen internationalen Vergleich heran, dann rangiert Deutschland auf Platz acht der Top 10 der M&A-Nationen hinter Australien, Japan, Russland, Großbritannien, Kanada, China und den USA.[30]

---

[28] Vgl. Spanninger, Müller-Stewens (Hrsg.) (2011), S. 49 ff.

[29] Vgl. Müller; Müller-Stewens (Hrsg.) (2013), S. 52 f.

[30] Vgl. Angermann M&A International (Hrsg.) 2013, S. 4

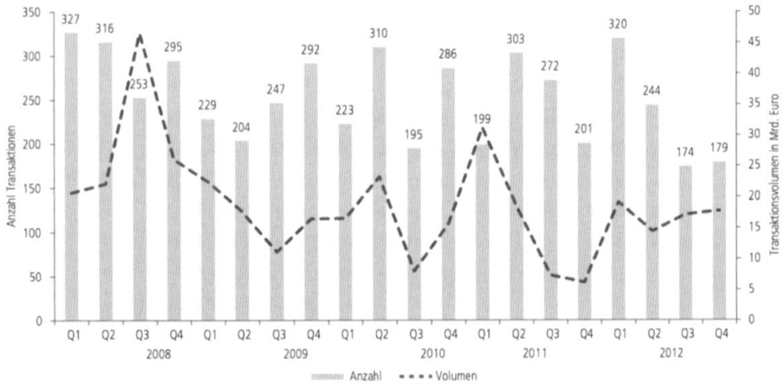

Abbildung 1-3: Transaktionsentwicklung in Deutschland 2008 bis 2012[31]

Obwohl die Marktbedingungen in 2012 als schwierig eingestuft werden können, haben sich dennoch einige große M&A-Transaktionen unter deutscher Beteiligung abgespielt. Angeführt wird die Top-10-Liste der größten Transaktionen mit deutscher Beteiligung (siehe Abbildung 1-4) von der Übernahme des Automobilherstellers Porsche durch Volkswagen (Transaktionswert: 4.460 Mio. Euro).

[31] Quelle: Müller; Müller-Stewens (Hrsg.) (2013), S. 54

	Objekt	Käufer	Industrie	Transaktionswert (in Mio. Euro)
1	Porsche	Volkswagen	Automobilbranche	4.460
2	Lincare	Linde	Chemie/Pharma	3.600
3	Open Grid Europe	Macquarie-Konsortium	Energie/Entsorgungswirtschaft	3.200
4	Inoxum (Thyssen Krupp)	Outukumpu	Stahl/Metallverarbeitung/Umwelttechnik	2.700
5	Success Factors	SAP	Computer/Telekommunikation	2.500
6	Postbank	Deutsche Bank	Finanzdienstleistungen	2.400
7	BSN Medical	EQT Partners	Medizintechnik	1.800
8	Enerjisa	E.ON	Energie/Entsorgungswirtschaft	1.500
9	Douglas	Advent International	Handel	1.500
10	LBBW Immobilien	Patrizia Immobilien	Dienstleistungen	1.435

Abbildung 1-4: Top 10 Deals mit deutscher Beteiligung in 2012 (nach Volumen) [32]

1.3 Strategieentwicklung im Rahmen eines M&A-Projektes

Um ein umfassendes Verständnis für M&A-Vorhaben zu entwickeln, ist es wichtig, strategische Überlegungen im Vorfeld einer Transaktion zu kennen. Welche Motive leiten M&A-Akteure? Welche Übernahmetechniken stehen den Käufern zur Verfügung? Welche Arten des Unternehmenserwerbs gibt es? Warum scheitern M&A-Transaktionen und warum reüssieren andere? Diese Fragen werden in den folgenden Abschnitten behandelt.

1.3.1 Motive für M&A-Transaktionen

Unternehmenszusammenschlüsse entstehen durch die Verschmelzung von zwei oder mehr rechtlich und wirtschaftlich selbständigen Unternehmen zu größeren Wirtschaftseinheiten.[33] Die

[32] Quelle: Müller; Müller-Stewens (Hrsg.) (2013), S. 55

[33] Vgl. Ernst; Häcker (2011), S. 2

Ausarbeitung von typischen Motiven für Unternehmensübernahmen ist stark von der jeweiligen Situation abhängig. Je nach Vorhaben und Strategie des Käufers bzw. Verkäufers sind verschiedene Gründe maßgebend für eine Akquisition bzw. Veräußerung.

Eine Auswahl entscheidender **Verkaufsmotive** wird nachfolgend vorgestellt:

- Multikonzerne streben eine Fokussierung auf ihr Kerngeschäft an und veräußern Unternehmensteile bzw. Tochtergesellschaften.
- Ein weitverbreiteter Verkaufsgrund von Familienunternehmen, zu denen ein Großteil der Mittelständler zählt, ist die unklare Nachfolgeregelung. Steht innerhalb der Familie oder des bestehenden Managements des Unternehmensgründers bzw. der Unternehmensgründerin kein geeigneter Nachfolger bzw. keine geeignete Nachfolgerin bereit, dann wird das Unternehmen i.d.R. am Markt zum Verkauf angeboten. „Deutschlandweit steht nach Schätzungen des IfM Bonn in den Jahren 2010 bis 2014 bei rund 110.000 Familienunternehmen die Regelung der Nachfolge an.“[34]
- Im Rahmen der Investitionsfinanzierung bleibt einem Mittelständler oft nichts anderes übrig, als das Unternehmen an größere Konzerne bzw. Wettbewerber zu übertragen oder mit anderen Mittelständlern zu fusionieren. Grund dafür ist die meist geringe Kapitalausstattung der Mittelständler.[35]
- Beteiligungsgesellschaften suchen nach einer kurzen Haltedauer den „Exit“ und wollen ihre Beteiligungen an dem Unternehmen wieder veräußern.

---

[34] Jaques (2012a), S. 1

[35] Vgl. Wirtz (2012), S. 5

- Stark eingefahrene Konfliktsituationen zwischen Gesellschaftern, wie z.B. eine Ehescheidung zweier Gesellschafter, können ebenfalls einen Unternehmensverkauf als die beste Möglichkeit für den Unternehmensfortbestand bedeuten.[36]

Genau wie bei den Verkäufern gibt es auch auf der Seite der **Akquisiteure** eine Vielzahl von möglichen M&A-Motiven:

- Die Beschleunigung des Umsatzwachstums stellt einen häufigen Treiber für Unternehmensakquisitionen dar.[37] Anstelle eines langfristigen organischen Wachstumspfads kann die Unternehmensgröße durch Zukäufe deshalb häufig schneller ausgebaut werden als durch den Aufbau neuer Strukturen.
- Der Ausbau der geographischen Präsenz und die Erschließung neuer Märkte sind weitere Akquisitionsmotive. Unternehmen in Deutschland und Österreich werden beispielsweise als „Tor zu Osteuropa" angesehen. Das veranlasst expansionswillige Unternehmen weltweit dazu, Unternehmen aus diesen Ländern zu erwerben, um sich z.B. den Aufbau eines eigenen Vertriebsnetzes zu ersparen.
- Eine hohe Wettbewerbsintensität bewegt Unternehmen dazu, durch Steigerung ihrer Marktanteile ihre Marktmacht auszubauen. Dadurch kann die Marktstellung gesichert und der Wettbewerbsdruck verringert werden. In der extremsten Ausprägung kann es so zu monopolistischen Strukturen kommen.[38]

---

[36] Vgl. Sattler (2010), S. 21

[37] Vgl. RBS Citizens Financial Group (2012), S. 10

[38] Vgl. Jansen (2008), S. 171 und Behringer (2013), S. 43

- Der Zugang zu spezialisiertem Know-how und neuen Technologien stellt ein weiteres Akquisitionsmotiv dar. Verfügt ein Unternehmen über einzigartige Technologien oder besonderes Know-how z.B. im Bereich Forschung und Entwicklung, dann kann es für ein Käuferunternehmen von großem Vorteil sein, sich diese Ressourcen durch eine Übernahme anzueignen, anstatt durch einen langjährigen Prozess diese Ressourcen intern zu entwickeln.
- Ein vielzitierter Treiber im Rahmen eines Unternehmenskaufs stellt die Realisierung von Synergiepotenzialen dar. Kostensynergien werden beispielsweise durch Economies of Scale (Skaleneffekte)[39] und Economies of Scope (Verbundeffekte)[40] verwirklicht. Häufig werden die Kosten zur Realisierung diverser Synergiepotenziale stark unterschätzt. Je höher die Integrationstiefe zwischen zwei Unternehmen ist, desto größer wird der Kostenanteil zur Synergieverwirklichung ausfallen.[41]
- Je nach Strategie treten auch Motive im Hinblick auf die Produktion, das Produktportfolio, die Risikoverteilung oder Steuern in den Vordergrund.

1.3.2 Übernahmetechniken

Eine Unterscheidung hinsichtlich der Übernahmetechnik macht vornehmlich bei **börsennotierten Kapitalgesellschaften** Sinn, da deren Unternehmensanteile häufig frei an den jeweiligen Börsen gehandelt werden. Wichtiges Merkmal solcher Unternehmen ist die

---

[39] Unter „Economies of Scale" versteht man eine Fixkostendegression durch eine Erhöhung der Ausbringungsmenge.

[40] Unter „Economies of Scope" versteht man beispielsweise die Ausnutzung von Kostenvorteilen bei heterogenen Produktprogrammen.

[41] Vgl. Timmreck; Bäzner (2012), S. 110

Trennung von Eigentums- und Managementfunktion.[42] Eine Unternehmensübernahme kann entweder **freundlicher** oder **feindlicher** Natur sein. Selbst wenn die Mehrheit der Aktionäre einer Übernahme zustimmen würde, ist das Zünglein an der Waage die Zustimmung bzw. Ablehnung des Managements des Zielunternehmens.

1.3.2.1 Friendly Takeover

Man spricht von einem **Friendly Takeover**, wenn das Management der Zielgesellschaft den Eigentümerwechsel genehmigt.[43]

Im Gegensatz zur feindlichen Übernahme kann der Anreiz für eine freundliche Übernahme sowohl vom Käufer als auch vom Verkäufer ausgehen. Der Verkäufer bevorzugt meist die Veräußerung der Zielgesellschaft im Rahmen eines **Auktionsverfahrens**. Dies hat den Vorteil, dass es mehrere Bieterparteien gibt und ein höherer Verkaufspreis erzielt werden kann. Aus Käufersicht verlaufen freundliche Übernahmen häufig **erfolgreicher** als feindliche, da das Management des Zielunternehmens mit dem Käufer zusammenarbeitet und diesem die Möglichkeit für eine detaillierte Due Diligence gewährt.[44]

1.3.2.2 Hostile Takeover

Bei einem **Hostile Takeover** handelt es sich um einen Übernahmeversuch, der gegen den Willen der Unternehmensleitung der Zielgesellschaft vorgenommen wird.[45]

In Deutschland waren, nicht zuletzt aufgrund der starken mittelständischen und eigentümerorientierten Unternehmensstruktur, sogenannte „Hostile Takeovers" bis vor einigen Jahren kaum vertreten. Zudem war in Deutschland die öffentliche Haltung gegenüber solcher M&A-Vorhaben eher ablehnend. Seit der gelungenen

---

[42] Vgl. Wirtz (2012), S. 22

[43] Vgl. Wirtz (2012), S. 22

[44] Vgl. Achleitner (2002), S. 195

[45] Vgl. Hölters (2005), S. 37

Übernahme der Hoesch AG durch die Krupp AG (1991) und der versuchten Übernahme der Thyssen AG durch die Krupp AG (1997), haben feindliche M&A-Transaktionen in Deutschland an Bedeutung gewonnen. Einer der spektakulärsten Fälle einer feindlichen Übernahme war die Übernahmeschlacht zwischen Mannesmann und Vodafone, welche im Kauf von Mannesmann durch Vodafone endete.

Ein Hostile Takeover wird oft durch eine „**Tender Offer**" initiiert. Darunter versteht man ein zeitlich befristetes öffentliches Übernahmeangebot der Erwerbsinteressenten, das direkt an die Aktionäre der Zielgesellschaft gerichtet wird. Um die Attraktivität des Angebots für die aktuellen Aktionäre zu erhöhen, enthalten öffentliche Übernahmeangebote häufig eine **hohe Prämie** auf den aktuellen Börsenkurs des Zielunternehmens.[46]

Um sich gegen eine feindliche Übernahme zu schützen, kann die Zielgesellschaft unter anderem folgende **präventive Abwehrmaßnahmen** treffen:[47]

- ***Aktienrückkäufe***: In Deutschland ist der Aktienrückkauf nach § 71 AktG „Erwerb eigener Aktien" bis zu 10 % des Grundkapitals möglich. Dadurch steigt der Aktienkurs und das Zielobjekt wird teurer. Zudem sinkt der Kassenbestand bzw. steigt die Verschuldung, wodurch die Attraktivität der Zielgesellschaft aus Käufersicht abnimmt.
- ***Poison Pills***: Die bestehenden Aktionäre der Zielgesellschaft haben das Recht, bei einem Übernahmeversuch eine bestimmte Anzahl an Aktien der Zielgesellschaft zu einem vergünstigten Preis zu beziehen. Auch die Umwandlung stimmloser Vorzugsaktien in Aktien mit Stimmrecht ist denkbar.

---

[46] Vgl. Wirtz (2012), S. 23

[47] Vgl. Trunk (2010), S. 94

- ***Poison Put*:** Es bestehen Verträge mit den Fremdkapitalgebern des Zielunternehmens, die eine sofortige Rückzahlung der Kredite vorschreiben, sobald die Kontrolle des Zielunternehmens wechselt.
- ***Staggered Board*:** Es liegt eine zeitliche Staffelung der Verträge der Aufsichtsrats- und Vorstandmitglieder vor. Dadurch wird dem feindlichen Erwerber der Austausch des bestehenden Managements und des Kontrollorgans erschwert.
- ***Golden Parachutes*:** Für den Fall einer feindlichen Übernahme können überdimensionierte Sonderzahlungen an die Unternehmensleitung des Zielunternehmens vereinbart werden. Dadurch kann es für den potenziellen Erwerber zu kostenintensiv werden, die Kontrolle durch den Austausch des bestehenden Managements zu erlangen. Hier lässt sich jedoch ein eindeutiger „Principal-Agent-Konflikt“ [48] identifizieren.

Dem bestehenden Management des Zielunternehmens sind selbst dann nicht die Hände gebunden, wenn das feindliche Übernahmeangebot bereits an die Aktionäre gerichtet wurde. Es besteht vielmehr die Möglichkeit bestimmte **Ad-hoc-Abwehrmaßnahmen** zu implementieren, welche im Folgenden aufgeführt werden: [49]

---

[48] Unter dem „Principal“ versteht man die Eigentümer des Unternehmens, wobei es sich je nach Unternehmensform um die Gesellschafter oder die Aktionäre handelt. „Agents“ sind klassisch die Manager, die die Interessen der Eigentümer wahren und das Unternehmen nachhaltig und wertschöpfend führen sollen. Wenn die Manager Entscheidungen nicht aufgrund langfristiger Unternehmensziele der Eigentümer, sondern z.B. aufgrund von eigenen umsatzbedingten Bonuszahlungen, treffen, spricht man vom „Principal-Agent-Konflikt“.

[49] Vgl. Trunk (2010), S. 94 f.

- ***Crown Jewels***: Das Zielunternehmen verkauft besonders attraktive und lukrative Unternehmensbereiche („Juwelen") an ein befreundetes Unternehmen oder führt einen Spin-off durch. Dadurch können Synergiepotenziale aus Sicht des feindlichen Erwerbers eliminiert und die feindliche Übernahme unattraktiv werden. Diese Maßnahme gefährdet jedoch in hohem Maße die Unternehmensexistenz der Zielgesellschaft.
- ***Asset Restructuring***: Das Zielunternehmen erwirbt Vermögensgegenstände, die der feindliche Erwerber mit höchster Wahrscheinlichkeit nicht möchte oder die im Rahmen der Übernahme kartellrechtliche Probleme verursachen können.
- ***White Knight***: Ein befreundetes Unternehmen gibt ein höheres Übernahmeangebot ab und treibt somit den Kaufpreis in die Höhe. Neben einer Mehrheitsbeteiligung kann dieser „weiße Ritter" der Zielgesellschaft auch ersatzweise genügend Mittel zur Verfügung stellen, um die feindliche Übernahme zu verhindern.

1.3.3 Ziele im M&A-Prozess

Neben den Motiven für eine Unternehmenstransaktion nehmen auch die Ziele der beiden Hauptakteure (Käufer und Verkäufer) im M&A-Prozess eine entscheidende Rolle ein. Da ein Verkäufer für gewöhnlich Zielsetzungen verfolgt, die von denen des Käufers abweichen, ist es für beide Parteien unabdinglich die jeweiligen Ziele des Gegenspielers zu kennen. Auf diesem Wege können sich beide Transaktionsbeteiligten im Rahmen des M&A-Prozesses optimal positionieren. Die wichtigsten Zielsetzungen aus Verkäufer- und Käufersicht können der Tabelle 1-1 entnommen werden.

Verkäufersicht:	
Kaufpreis	• Maximierung des Kaufpreises
Vertraulichkeit	• Wahl des Verfahrens • Identifikation des „richtigen“ Käufers • Wahrung der Vertraulichkeit
Geschwindigkeit	• Kompetitives Element • Möglichst geringe Auswirkungen auf das operative Tagesgeschäft
Prozess- und Transaktionssicherheit	• Qualität der Durchführung • Finanzierungssicherheit • Closing Bedingungen
Risikominimierung	• Gut geführter, strukturierter Prozess • Verkäufergünstige Garantien und Gewährleistungen im Vertragswerk
Bedeutendes Erfolgskriterium	• Wettbewerb von mindestens zwei Bietern bis zum Schluss aufrechterhalten

Käufersicht:	
Kaufpreis	• Minimierung des Kaufpreises
Vertraulichkeit	• Vertraulichkeitserklärungen möglichst ohne Haftung und langfristige Verpflichtungen
Geschwindigkeit und Kosten	• Zügiger Transaktionsabschluss • Minimierung der Transaktionskosten
Finanzierung	• Optimale Finanzierungsstruktur
Prozess- und Transaktionssicherheit	• Positionierung als „bester Bieter“ • Käufergünstige Garantien und Gewährleistungen im Vertragswerk
Bedeutendes Erfolgskriterium	• Exklusivität bei Auktionen • Unterbindung von Gegenangeboten bei bilateralen Prozessen

Tabelle 1-1: Zielsetzungen im M&A-Prozess aus Verkäufer- und Käufersicht [50]

[50] Quelle: Eigene Darstellung in Anlehnung an: Mohr; Bärtl (2012), S. 240

1.3.4 Arten des Unternehmenserwerbs

Generell kann der Erwerb eines Unternehmens auf zwei Arten durchgeführt werden. Einerseits kann der Käufer die **Geschäftsanteile** am zum Verkauf stehenden Unternehmen erwerben. Man spricht in diesem Fall von einem **Share Deal**. Andererseits kann der Gegenstand der Unternehmenstransaktion auch sämtliche bzw. bestimmte **Vermögensgegenstände und Rechte** einer Zielgesellschaft beinhalten. Dieses Szenario wird als **Asset Deal** bezeichnet. Nachfolgend werden beide Erwerbsarten beschrieben.

1.3.4.1 Share Deal

Bei einem **Share Deal** werden Geschäftsanteile einer Gesellschaft in ihrer Gesamtheit, als Mehrheit oder als Minderheit verkauft. Transaktionsgegenstand sind demnach die Gesellschaftsanteile. Durch die Abtretung der Anteile an einen neuen Eigentümer bleibt die Identität der Zielgesellschaft unberührt bzw. das Zielunternehmen als rechtliche Einheit unverändert bestehen. Folglich ist eine Überleitung der Aktiva und Passiva nicht erforderlich.[52]

Unternehmensverkäufer präferieren häufig den Share Deal, da bei einem Gesamtverkauf im Gegensatz zu einem Asset Deal alle Rechte und Pflichten des Verkäufers auf den Käufer transferiert werden. Neben allen Aktiva und Passiva werden demnach auch alle bekannten und unbekannten **Risiken vom Käufer** übernommen. Dies hat zur Folge, dass im Zuge eines Share Deals vom Käufer auf eine Abgabe umfassender Garantien durch den Verkäufer bestanden wird, um der Informationsasymmetrie Rechnung zu tragen.

Unter **steuerlichen Gesichtspunkten** hat der Anteilserwerb bei Kapitalgesellschaften (GmbH, AG) einen besonderen Stellenwert. Es bestehen attraktive Möglichkeiten wie etwa das Überführen des Kaufpreises in das zukünftige Abschreibungsvolumen oder das Absetzen von Finanzierungskosten.

---

[52] Vgl. Jaques (2012a), S. 10 und Wirtz (2012), S. 286

1.3.4.2 Asset Deal

„Von einem **Asset Deal** spricht man, wenn der Käufer nicht die rechtliche Einheit einer Gesellschaft kauft, sondern lediglich bestimmte Vermögensgegenstände.“[53]

Bei dieser Art des Unternehmenskaufs erwirbt der Käufer demnach einzelne **Wirtschaftsgüter**, **immaterielle Vermögenswerte** sowie **Verbindlichkeiten** des gekauften Unternehmens. Die erworbenen Wirtschaftsgüter gehen in die Bilanz des Käuferunternehmens über und es bleibt nach der Entnahme des Kaufpreises durch die Altaktionäre ein **leerer Unternehmensmantel** auf Verkäuferseite bestehen. Dieser Mantel kann anschließend, je nach Umständen, liquidiert, verkauft oder für neue Rechtsgeschäfte verwendet werden.

Beim Asset Deal werden, entgegen der Abwicklung beim Share Deal, nicht alle Rechte und Pflichten auf den Käufer übertragen, sondern lediglich das **Eigentum** an den im Kaufvertrag aufgeführten aktiven und passiven Vermögensgegenständen.[54]

In puncto Vorteilhaftigkeit **präferieren Unternehmenskäufer** häufig diese Art des Unternehmenserwerbs. Die neu erworbenen Vermögensgegenstände können vom Erwerber unter Auflösung stiller Reserven direkt in die Käuferbilanz überführt werden und zusammen mit einem eventuell bezahlten Goodwill[55] in den Folgejahren planmäßig abgeschrieben werden. Dieses zusätzliche Abschreibungsaufkommen führt auf Käuferseite zu einer Verbesserung des künftigen Cash Flows. Zusätzlich können die erworbenen Vermögenswerte zur Besicherung der Fremdfinanzierung eingesetzt werden.[56]

---

[53] Vgl. Mohr; Bärtl (2012), S. 241

[54] Vgl. Mohr; Bärtl (2012), S. 241

[55] Ein Goodwill (Firmenwert) ist der Betrag, den ein Käufer bei der Übernahme einer Unternehmung als Ganzes unter Berücksichtigung künftiger Ertragserwartungen über den Wert der einzelnen Vermögensgegenstände nach Abzug der Schulden hinaus zu zahlen bereit ist.

[56] Vgl. Wirtz (2012), S. 286

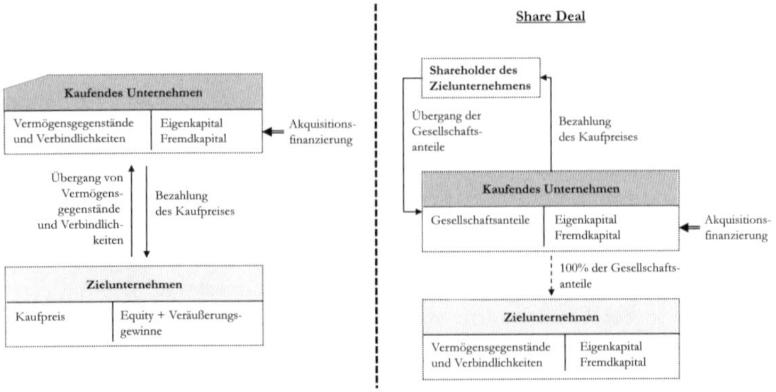

Abbildung 1-5: Asset Deal versus Share Deal[57]

Abbildung 1-5 stellt die Struktur eines Share Deal und eines Asset Deal gegenüber. Beim Share Deal wird deutlich, dass die Transaktion zwischen dem kaufenden Unternehmen und den Shareholdern des zu verkaufenden Unternehmens stattfindet. Nach Abschluss der Transaktion wird das Zielunternehmen eine 100%-ige Tochtergesellschaft des kaufenden Unternehmens. Beim Asset Deal sind die beteiligten Parteien das kaufende Unternehmen und das Zielunternehmen. Es findet ein Austausch von Kaufpreis gegen Vermögensgegenstände und Verbindlichkeiten statt.

1.3.5 Häufige Erfolgs- und Misserfolgsfaktoren von M&A

Wie bereits erwähnt, entpuppen sich im Nachhinein rund 56 % aller Fusionen und Übernahmen als Misserfolge.[58] Weiterhin gilt auch im Bereich Mergers & Acquisitions: „Ignorantia iuris nocet."[59] Um verkaufswilligen und kaufwilligen Unternehmen hinsichtlich eines M&A-Vorhabens die Nachteile – zu hoher bzw. geringer Kauf- bzw. Verkaufspreis, Nichterkennung von Risiken, Transaktionsabbruch, Nichterreichung geplanter Synergien – zu ersparen,

[57] Quelle: Eigene Darstellung

[58] Vgl. Wirtz (2012), S. 7

[59] Lateinisches Sprichwort: „Unkenntnis schützt vor Strafe nicht."

wird nachfolgend auf die häufigsten **Erfolgs- und Misserfolgsfaktoren** von Unternehmenstransaktionen eingegangen.

1.3.5.1 Erfolgsfaktoren von Unternehmenstransaktionen

Der wohl wichtigste Erfolgsfaktor bei M&A-Vorhaben ist die **Erfahrung der Beteiligten**. Wirken routinierte Manager und Beratungsspezialisten im Transaktionsprozess mit, so erhöht sich dadurch wesentlich der Erfolg[60] des M&A-Projektes. Mit steigender Anzahl an Unternehmenstransaktionen ist ein Unternehmen i.d.R. besser in der Lage, ein M&A-Vorhaben zu evaluieren, die Due Diligence (Sorgfaltsprüfung) zu strukturieren und abzuwickeln, die Unternehmenszusammenführung (Post-Merger-Integration) zu vollziehen und somit geplante Synergien zu realisieren. Im Wesentlichen befähigt M&A-Erfahrung die Manager und Beratungsspezialisten dank gewonnener Problemlösungskompetenz dazu, bei auftretenden Problemen im M&A-Prozess zügig und effizient zu handeln.[61] Es gilt also auch im M&A-Geschäft: „Übung macht den Meister."

Ein weiterer Erfolgsfaktor von Unternehmenstransaktionen ist der **strategische Fit** („Strategic Fit") zwischen Käufer und Verkäufer. Dieser Begriff kennzeichnet die Harmonie bzw. Passgenauigkeit zwischen dem kaufenden und dem verkaufenden Unternehmen. Je unterschiedlicher zwei Unternehmen dabei sind, desto schwieriger wird die Unternehmenszusammenführung ausfallen und damit die Komplexität des M&A-Vorhabens sein. Einflussfaktoren auf den Strategic Fit sind unter anderem:

- Unternehmensvision
- Unternehmensgröße

[60] Der Begriff „Erfolg" bezieht sich in diesem Zusammenhang nicht allein auf die Tatsache, dass eine Transaktion erfolgreich abgeschlossen wird, sondern vielmehr darauf, dass sich im Anschluss an ein M&A-Projekt der kumulierte Unternehmenswert beider beteiligter Unternehmen steigert bzw. gesteckte Ziele realisiert werden.

[61] Vgl. Furtner (2011), S. 48

- Unternehmenskultur
- Geschäftsfelder beider Unternehmen
- Kulturelle Gemeinsamkeiten und Unterschiede

Je größer der strategische Fit, desto erfolgreicher ist i.d.R. die Unternehmenstransaktion. Übernahmen, die eine hohe Passgenauigkeit zur Kerntätigkeit des Käufers zeigen und ihn in neue geographische Märkte expandieren lassen, erweisen sich als besonders erfolgreich.[62]

Ein dritter Erfolgsfaktor sind die **Mitarbeiter** und das **Management des verkauften Unternehmens**. Verbleiben viele Mitarbeiter im Anschluss an die Unternehmenstransaktion im Unternehmen, so ist der Erfolg des M&A-Projektes häufig höher als bei hoher Mitarbeiterabwanderung nach Transaktionsschluss. An diesem Punkt entsteht jedoch ein klassischer Zielkonflikt, da diverse Synergieeffekte regelmäßig erst durch die Entlassung von Mitarbeitern realisiert werden können. In puncto Management beeinflusst ein vertrautes Führungsteam oft positiv die Moral der Mitarbeiter im Nachklang einer M&A-Transaktion und erweist sich zudem im operativen Tagesgeschäft des gekauften Unternehmens als sehr hilfreich. Das alte Management bzw. Teile des alten Managements nach der Akquisition zu halten, kann zu einer erheblichen Stabilisierung des gekauften Unternehmens beitragen.[63]

1.3.5.2 Misserfolgsfaktoren von Unternehmenstransaktionen

„Die tatsächlichen Erfolge von M&A-Transaktionen sind im Nachhinein sehr oft geringer als erwartet, da entweder schon die strategischen Überlegungen fehlgeleitet sind, zu hohe Kaufpreise bezahlt werden oder sich die erhofften (Kosten-)Synergien nicht einstellen

---

62 Vgl. Behringer (2013), S. 366 f.

63 Vgl. Behringer (2013), S. 368 ff.

bzw. durch Integrations- und Koordinationskosten überkompensiert werden."[64]

Wer nur auf das Geld achtet, der wird auch mit seinem M&A-Vorhaben langfristig an seine Grenzen stoßen. Entscheidet sich ein Unternehmen aus rein finanziellen Motiven, wie der Shareholder-Value-Befriedigung oder dem finanziellen Eigennutzen des Topmanagements (durch Beteiligung an Umsatz- und Kursentwicklungen), heraus, eine Akquisition zu implementieren, dann verläuft dieser Plan oft nicht besonders erfolgreich. Der **rein finanzielle Fokus** ist meist eine treibende Kraft der kurzfristigen Unternehmensbetrachtung und Unternehmensentwicklung und somit kein geeignetes Ziel zur langfristigen Unternehmensfortführung. Erfolgreiche Unternehmensverschmelzungen sind diejenigen, bei denen die strategischen Ziele eine vorrangige Position gegenüber den finanziellen Zielen haben.[65]

Eine **zu hohe Preisvorstellung** auf Verkäuferseite ist ein weiterer Misserfolgsfaktor mehrerer Unternehmenstransaktionen. Ein Grund hierfür kann in einer von M&A-Beratern durchgeführten Unternehmensbewertung liegen, deren ausgegebener Unternehmenswert überhöht und damit für den Verkäufer attraktiv ausfällt, um so die Transaktion evtl. erst anzustoßen und sich als M&A-Verkaufsberater zu platzieren. Ein zweiter Grund für zu hohe Preisvorstellungen des Verkäufers ist in dessen emotionaler Bindung zu seinem eigenen Unternehmen zu finden. Meistens sind Unternehmen für die Eigentürmer mehr als nur Unternehmen. Es sind oft Lebenswerke. Unternehmer erkennen deshalb häufig Probleme bzw. Schwachstellen ihres Unternehmens nicht oder unzureichend und sind davon überzeugt, dass ihr Unternehmen bei einem Verkauf den absolut höchsten Transaktionswert erzielen muss. Treten in beiden Fällen – Unternehmensbewertung und emotionale Bindung – Verkäufer und Käufer an den Verhandlungstisch, lässt sich nur schwer ein fairer Preis vereinbaren. Der Unternehmensverkauf würde damit kurz vor dem Scheitern stehen.[66]

---

64 See; Heinzelmann; Deloitte (Hrsg.) (2012), S. 7

65 Vgl. Furtner (2011), S. 26

66 Vgl. Sattler; Seng (2010), S. 83

Da M&A häufig als Königsdisziplin der Betriebswirtschaftslehre bezeichnet wird, ist es kaum verwunderlich, dass die involvierten Manager und Gesellschafter aufgrund des erhofften späteren Prestiges teilweise **irrationale und emotionale Entscheidungen** treffen. „In the End, M&A is a flawed process, invented by brokers, lawyers and super-sized, ego-based CEOs.“[67] So werden teilweise Unternehmenstransaktionen durchgeführt, für die es aus rationaler Sicht keine Erklärungen gibt. Solche Fehlentscheidungen werden nicht nur bei Großunternehmen, sondern auch im Mittelstand getroffen. Die Auslöser sind meistens Eitelkeit, Machtstreben und Selbstüberschätzung (Hybris) der entscheidungsbefugten Manager. Als Folge sind diese Unternehmenstransaktionen i.d.R. zum Misserfolg verdammt.

Zu unterschiedliche Unternehmenskulturen und **kulturelle Aspekte** im Allgemeinen können ebenfalls den Transaktionserfolg maßgeblich einschränken oder eliminieren. Vor allem in der Post-Merger-Integration können unter Umständen beinahe unüberbrückbare Barrieren ans Tageslicht treten, die einen Unternehmenszusammenschluss negativ beeinflussen.[68]

Für einen Unternehmer stellt ein Unternehmensverkauf meistens ein einmaliges Ereignis dar. Oft wird die Verkaufsentscheidung kurzfristig gefällt und vom Verkäufer nur wenig Zeit bis zum Transaktionsabschluss eingeplant. Anders ausgedrückt: Die **Komplexität** von Unternehmenstransaktionen und der damit verbundene **Zeitaufwand** werden oft unterschätzt. Entschließt sich beispielsweise ein mittelständischer Unternehmer zum Unternehmensverkauf, so merkt dieser häufig erst im Laufe der Transaktion, dass die genaue Planung, Vorbereitung und Durchführung des M&A-Vorhabens zu einer Vernachlässigung des operativen Tagesgeschäfts führt. Dieser Zielkonflikt führt ohne ausreichendes M&A-Verständnis und die Involvierung von M&A-Spezialisten zu einer klaren Erfolgsreduzierung.[69]

---

[67] Bain & Company (Hrsg.) (2013), S. 1

[68] Vgl. Furtner (2011), S. 27

[69] Vgl. Sattler; Seng (2010), S. 81

Auch ein reiner **Fokus auf Kostensynergien** stellt sich als häufiger Misserfolgsfaktor heraus. Ist das Hauptziel einer M&A-Transaktion die Realisierung von Kostensynergien, so fallen diese Transaktionen oft erfolglos aus. Der Grund hierfür liegt in der Tatsache, dass Ertragspotenziale und Synergieeffekte oft überschätzt werden und in diversen Fällen überhaupt nicht oder erst mit großer Verspätung umgesetzt werden können.[70]

Blickt man auf eine von Deloitte verfasste Studie[71] zum M&A-Prozess aus dem Jahr 2012, so wird die Bedeutung **der Vorbereitungs- und Integrationsphase** im Transaktionsprozess von den M&A-Akteuren bislang unterschätzt, wohingegen die Bedeutung der Unternehmensbewertung und der Verhandlungen überschätzt wird. Daraus lassen sich bis dato negative Auswirkungen auf die Ressourcenallokation und die Prozessstrukturierung ableiten.[72]

Abschließend hängt der Erfolg eines M&A-Vorhabens entscheidend von einer **optimalen Transaktionsvorbereitung** und einer **schnellen Transaktionsdurchführung** ab. Wer sich unvorbereitet in eine Transaktion wagt und das Momentum nicht erkennt, wird dies später teuer bezahlen müssen. Der Prozess muss also sowohl vom Käufer als auch vom Verkäufer sorgfältig vorbereitet und durchgeführt werden.

---

[70] Vgl. Furtner (2011), S. 27

[71] Reker; Götzen; Deloitte (Hrsg.) (2012): „Mergers & Acquisitions im Mittelstand"

[72] Vgl. Reker; Götzen; Deloitte (Hrsg.) (2012), S. 27

2 „David und Goliath“: Mid-Cap- und Large-Cap-Unternehmen

Ob mittelständische Unternehmen oder Großunternehmen, beide Gruppen sind aus der deutschen und globalen Unternehmenslandschaft nicht mehr wegzudenken. Deutsche Großunternehmen, wie z.B. der Volkswagen-Konzern oder der Siemens-Konzern, sind seit vielen Jahren Arbeitgeber für eine große Anzahl von Menschen und beeindrucken immer wieder mit faszinierenden Innovationen. Aber auch der Mittelstand muss sich bei einem Vergleich keinesfalls verstecken. In Deutschland finden im Mittelstand mehr Menschen eine Beschäftigung als bei Großunternehmen. Die hohe Innovationskraft und die globale Marktführerschaft in zahlreichen Nischensegmenten sind weitere Charakteristika des deutschen Mittelstandes.

- Wann genau spricht man von einem mittelständischen Unternehmen und wann von einem Großunternehmen?
- Welche Besonderheiten vereinen die meisten Mittelständler in sich und was charakterisiert i.d.R. ein Großunternehmen?
- Welche Rolle spielen mittelständische Unternehmen und Großunternehmen im deutschen Wirtschaftsgeschehen?

Diese Fragen werden in den folgenden Unterpunkten untersucht und nach einer genauen Abgrenzung beider Unternehmensgruppen deren jeweilige Besonderheiten in den einzelnen Phasen eines M&A-Verkaufsprozesses analysiert.

2.1 Mittelständische Unternehmen

„Unternehmer – das sind definitionsübergreifend zu 99 Prozent Mittelständler – verfügen gegenüber Konzernlenkern über einen zentralen, strukturellen Vorteil: Wollen sie Erfolg haben, dann sind sie nicht gezwungen, die Wünsche und Interessen der Kapitalmarktexperten abzufragen, mit diesen in einen Dialog einzutreten, um die Wünsche anschließend auch noch zu erfüllen. Eigentümer, Gesellschafter oder auch Aktionäre sind sie ja selbst."[73]

Der Begriff „mittelständisches Unternehmen" (Mid-Cap) deckt ein breites Spektrum an Unternehmen ab, das nun eingegrenzt werden soll.

2.1.1 Definition und Abgrenzung von mittelständischen Unternehmen

Eine in Deutschland gängige Definition für mittelständische Unternehmen liefert das Institut für Mittelstandsforschung (IfM) Bonn.

Gemäß dieser Definition fallen alle Unternehmen mit einer **Beschäftigtenzahl von zehn bis 499** und einem **Jahresumsatz zwischen ein bis 50 Mio. Euro** in das Mittelstandssegment.[74]

Auch die Europäische Kommission hat für mittelständische Unternehmen eine Definition entwickelt, die als alternatives Abgrenzungskriterium die Bilanzsumme der Unternehmen berücksichtigt.

Die EU-Kommission rechnet all diejenigen Unternehmen dem Mittelstand zu, die eine **Beschäftigtenzahl bis zu 250** und einen **Jahresumsatz bis 50 Mio. Euro** oder eine **Bilanzsumme von bis zu 43 Mio. Euro** ausweisen.[75]

Hinsichtlich der späteren M&A-Prozess-Analyse erscheint es sinnvoll, von den vorangegangenen rein quantitativen Mittelstandsdefinitionen etwas abzuweichen. Neben den „klassischen" mittelständischen Unternehmen nach dem IfM Bonn oder der EU-Kommission sollen im Rahmen der im nächsten Kapitel folgenden Ausführungen auch die Unternehmen dem Mittelstand zugeschrieben werden, die eigentlich im unteren Segment der Großunternehmen angesiedelt sind.

---

[73] Rickes; von Hassell (2008), S. 20

[74] Vgl. Institut für Mittelstandsforschung (IfM) Bonn (2013)

[75] Vgl. Europäische Kommission (2013)

In diese adjustierte Mittelstandsdefinition fallen alle Unternehmen, die eine **Beschäftigtenzahl zwischen 25 bis 2.000** und einen **Jahresumsatz zwischen zehn bis 500 Mio. Euro** ausweisen.[76]

Begründet wird diese Erweiterung durch die Tatsache, dass für beide Bereiche (klassischer Mittelstand und unteres Segment der Großunternehmen) analoge Bedingungen im M&A-Prozess gelten. „Charakteristisch für beide Segmente ist, dass die Unternehmen oftmals nicht börsennotiert sind bzw. wenn börsennotiert, dann an eher kleineren Börsensegmenten mit geringer Liquidität und wenig Freefloat. Meist sind sie durch eine nachhaltige und langfristige strategische Orientierung geprägt, da sie nicht den kurzfristigen Wertsteigerungszwängen der Kapitalmärkte unterliegen. Außerdem handelt es sich oft um familiengeführte Unternehmen bzw. Unternehmensgruppen."[77]

Mittlere Unternehmen	**Beschäftig-tenzahl**	**Umsatz (EURm/Jahr)**	**Bilanzsumme (EURm)**
IfM Bonn	10 bis 499	1 bis unter 50	-
EU-Kommission	< 250	≤ 50	≤ 43
„Unsere" Definition	25 bis 2.000	10 bis 500	-

Tabelle 2-1: Definition eines mittelständischen Unternehmens[78]

2.1.2 Bedeutung des Mittelstandes für die deutsche Wirtschaft

Den Vergleich mit anderen Volkswirtschaften muss die deutsche Wirtschaft keinesfalls scheuen. Diesen Umstand verdankt Deutschland nicht zuletzt seinem Mittelstand, der eine solide und tragende

[76] Vgl. Becker; Ulrich (2012), S. 21; Furtner (2011), S. 21 und Marks et al. (2012), S. 5 f.

[77] Furtner (2011), S. 21

[78] Quelle: Eigene Darstellung

Säule der Wirtschaftsleistung bildet. „Die mittelständischen Strukturen in Deutschland sind so einzigartig, dass man im angelsächsischen Sprachraum gar nicht erst versucht hat, eine Übersetzung für diesen Begriff zu finden.“[79] Es wird vielmehr vom „German Mittelstand“ gesprochen.

Nachfolgend werden einige bedeutende Fakten rund um den deutschen Mittelstand[80] aufgeführt:[81]

- In 2010 gehörten rund 99 % aller deutschen Unternehmen zum German Mittelstand. *(Bezugsgröße: KMU-Definition)*
- In 2010 waren ca. 95 % aller deutschen Unternehmen Familienunternehmen, von denen wiederum 85 % eigentümergeführt waren. Sie sind durch eine langfristig orientierte Geschäftspolitik, stabile Kundenbeziehungen und eine starke Bindung zur Region charakterisiert. *(Bezugsgröße: KMU-Definition)*
- In 2011 wurden 37 % des gesamten Umsatzes deutscher Unternehmen im Mittelstandsegment generiert, was einem Gesamtumsatz von ca. 2 Bio. Euro entsprach. Im Vergleich brachten es die DAX-30-Unternehmen in 2011 auf einen Gesamtumsatz von 1,19 Bio. Euro. *(Bezugsgröße: KMU-Definition)*
- In 2012 beschäftigten mittelständische Unternehmen in Deutschland rund 15,5 Millionen Menschen. Dies ent-

[79] Vgl. Rickes; von Hassell (2008), S. 11

[80] In diesem Abschnitt bezieht sich der Begriff „Mittelstand“ entweder auf die nach IfM Bonn definierten KMU (Kleine und Mittlere Unternehmen) oder auf die nach EU-Kommission definierten SME (Small and Medium-Sized Companies). Bitte beachten sie die jeweiligen Bezugsgrößen der Angaben.

[81] Vgl. Bundesministerium für Wirtschaft und Technologie (Hrsg.) (2013), S. 3 ff.

spricht 61,3 % aller sozialversicherungspflichtigen Beschäftigten im Land. (*Bezugsgröße: SME-Definition*)

- Zwischen 2008 und 2010 brachten 54 % der Unternehmen des German Mittelstand eine Produkt- oder Prozessinnovation auf den Markt. Zudem stiegen die Ausgaben für Forschung und Entwicklung im German Mittelstand zwischen 2004 und 2010 um rund 71 % (bei Großunternehmen: +19 %). (*Bezugsgröße: SME-Definition*)
- In 2012 gab es in Deutschland rund 1.300 „Hidden Champions". In den USA waren es im Vergleich nur rund 360. Diese mittelständischen Unternehmen sind Weltmarktführer und haben mit ihren Produkten erfolgreich Nischen besetzt. Deutsche Hidden Champions kommen vorwiegend aus den Bereichen Maschinenbau, Elektroindustrie und Industrieprodukte.

2.2 Großunternehmen

Die Maxime für Großunternehmen (Large-Caps) ist meistens mit einem Wort zu umschreiben: „Mehr".

„Die Königsdisziplin der Konzerne und Großunternehmen ist nicht von ungefähr die kostengünstige Produktion großer Stückzahlen für eine große Nachfrage nach hoch standardisierten, qualitätsgleichen Produkten und Dienstleistungen – im Konsumgütermarkt genauso wie im Investitionsgüter- und Dienstleistungsmarkt."[82]

Zudem machen Großunternehmen häufig in den Tageszeitungen durch spektakuläre Übernahmen, spannende Geschäftsexpansionen oder gerichtliche Verfahren auf sich aufmerksam. Welche Unternehmen als Großunternehmen einzustufen sind und welche Rolle diese Unternehmen in der deutschen Wirtschaft spielen, wird im Folgenden beschrieben.

---

82 Rickes; von Hassell (2008), S. 24

2.2.1 Definition und Abgrenzung von Großunternehmen

Analog zur Abgrenzung von mittelständischen Unternehmen definiert das IfM Bonn alle Unternehmen mit einer **Beschäftigtenzahl von mindestens 500 Beschäftigten** und **mindestens 50 Mio. Euro Jahresumsatz** als Großunternehmen.

Großunternehmen sind, abgeleitet von der zuvor genannten Definition der EU-Kommission, die Unternehmen, die eine **Beschäftigtenzahl von mindestens 250 Beschäftigten** und einen **Jahresumsatz von über 50 Mio. Euro** bzw. eine **Bilanzsumme von über 43 Mio. Euro** aufweisen.

Auch an dieser Stelle soll für die spätere M&A-Prozess-Analyse, wie bereits für den Mittelstand, eine adjustierte Definition für Großunternehmen entwickelt werden.

Das angepasste Segment der Großunternehmen umschließt alle Unternehmen, die eine **Mitarbeiterzahl von über 2000 Beschäftigten** und einen **Jahresumsatz von über 500 Mio. Euro** aufzeigen.

Begründet wird diese Erweiterung durch die Tatsache, dass für Unternehmen, welche diese beiden Kriterien erfüllen, abweichende Bedingungen im M&A-Prozess gelten als für Unternehmen aus dem „adjustierten" Mittelstandssegment. Charakteristisch für Großunternehmen ist, dass sie häufig an **größeren Börsensegmenten** mit hoher Liquidität und hohem Freefloat gelistet sind. Damit unterliegen sie kurzfristigen **Shareholder-Value-Interessen**. Meist befinden sich Manager, die fundierte Kenntnisse in der Unternehmensführung besitzen, an der Spitze der Großunternehmen. Die Organisationsstruktur ist häufig komplex sowie personenunabhängig. Zudem bestehen vorgeschriebene Informationswege und ein hoher Formalisierungsgrad. Großunternehmen haben i.d.R. einen breiten Zugang zum Kapitalmarkt und damit deutlich mehr Finanzierungsmöglichkeiten als kleinere Unternehmen.[83]

---

[83] Vgl. Hackspiel (2010), S. 132

Großunternehmen	Beschäftig-tenzahl	Umsatz (EURm/Jahr)	Bilanzsumme (EURm)
IfM Bonn	≥ 500	≥ 50	-
EU-Kommission	≥ 250	> 50	> 43
„Unsere" Definition	> 2.000	> 500	-

Tabelle 2-2: Definition eines Großunternehmens[84]

2.2.2 Bedeutung der Großunternehmen für die deutsche Wirtschaft

Die größten Unternehmen in Deutschland sind oft multinationale Großkonzerne, die einen beträchtlichen Teil ihres Jahresumsatzes außerhalb der deutschen Grenzen erwirtschaften. Dennoch tragen die Großunternehmen neben dem Mittelstand ihren Teil zum deutschen Wirtschaftsgeschehen bei. Blickt man zum Beispiel auf die DAX-30-Unternehmen, so haben diese im Jahr 2012 einen kumulierten Jahresumsatz von rund 1,30 Bio. Euro generiert und ca. 3,66 Millionen Menschen beschäftigt. Von den 1,30 Bio. Euro wurden jedoch lediglich 26 Prozent in Deutschland und die restlichen 74 Prozent im Ausland erwirtschaftet. Auch von den 3,66 Mio. Beschäftigten wurden ein geringerer Teil in Deutschland (ca. 41 %) und ein größerer im Ausland (ca. 59 %) beschäftigt.[85]

[84] Quelle: Eigene Darstellung

[85] Vgl. Ernst & Young (Hrsg.) (2013), S. 2 ff.

3 Der M&A-Verkaufsprozess

Wie bereits erwähnt, gibt es „den einen" M&A-Prozessablauf nicht. Es sind vielmehr diverse unternehmensinterne (beeinflussbare) und unternehmensexterne (nicht beeinflussbare) Faktoren, die jede einzelne Unternehmenstransaktion speziell und einzigartig machen. Im Zuge jeder Unternehmenstransaktion, sei es ein Unternehmensverkauf oder ein Unternehmenskauf, gibt es jedoch **Milestones**, an denen sich die Transaktionsbeteiligten orientieren können. Dank dieser Milestones wird die Komplexität des M&A-Prozesses reduziert, der Prozessablauf wird im Kern standardisiert und die Transaktionsdurchführung kann deutlich forciert werden.

Je nachdem, von welcher Seite die Initiative für eine M&A-Transaktion ausgeht, spricht man von einer **Sell-Side** (Unternehmensverkauf) oder einer **Buy-Side** (Unternehmenskauf).[86]

Ein M&A-Verkaufsprozess untergliedert sich typischerweise in die folgenden Phasen und Milestones (siehe Abbildung 3-1):

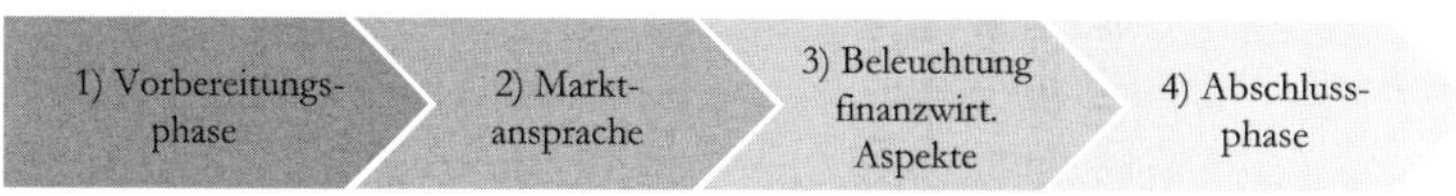

Abbildung 3-1: Die vier Phasen eines M&A-Verkaufsprozesses[87]

Phase 1: Vorbereitungsphase

- Der Startschuss: Beauty Contest
- Mandatsvertrag
- Auswahl eines geeigneten Verfahrens

---

[86] Vgl. Ernst; Häcker (2011), S. 21

[87] Quelle: Eigene Darstellung

- Umfassende Datenbeschaffung und Unternehmensanalyse
- Kandidatensuche und -auswahl
- Dokumentation

Phase 2: Marktansprache – „Point of no return“

- Ansprache potenzieller Käufer

Phase 3: Beleuchtung finanzwirtschaftlicher Aspekte im M&A-Prozess

- Due Diligence (Sorgfaltsprüfung)
- Unternehmensbewertung
- Strukturierung der Transaktion

Phase 4: Rechtliche Aspekte eines M&A-Verkaufsprozesses

- Vertragsverhandlungen
- Verbindliches Angebot
- Kaufvertrag
- Closing[88]

Im Folgenden werden diese vier Phasen ausführlich beschrieben sowie die Unterschiede zwischen einem typischen Mid-Cap- und einem Large-Cap-Verkaufsprozess an den relevanten Prozessstellen herausgearbeitet. Generell beschreibt die thai-englische Redewendung „Same same but different“ den Vergleich eines Mid-Cap- und Lage-Cap-Unternehmensverkaufs äußerst treffend. Die Gemeinsamkeiten sind hierbei die übergeordneten M&A-Prozessschritte, die beide Gruppen stets durchlaufen müssen. Die Unterschiede

---

[88] Die idealtypische Dauer der einzelnen Prozessschritte kann dem Anhang 1 entnommen werden.

kristallisieren sich anhand der spezifischen Nuancen eines jeden Prozessschrittes einer Mid-Cap- und einer Large-Cap-Transaktion heraus. Auf der Metaebene sind demnach die Gemeinsamkeiten und auf der Detailebene die Unterschiede anzutreffen.

3.1 Phase I: Vorbereitungsphase

3.1.1 Von der Verkaufsidee zum Startschuss

An diesem Punkt soll kurzzeitig die **Sichtweise des verkaufenden Unternehmens** (Geschäftsansatz) eingenommen werden. Dieses Vorgehen erscheint sinnvoll, da das verkaufswillige Unternehmen bereits vor Involvierung einer Investmentbank bzw. einer M&A-Boutique in den Verkaufsprozess einige essenzielle Vorüberlegungen treffen muss.

3.1.1.1 Wichtige Fragen vor dem Startschuss

Unternehmensverkäufe sind stets komplex, zeitaufwändig und strapazieren ab und an die Nerven der beteiligten Parteien. Fehler, die in einer frühen Phase des Verkaufsprozesses begangen werden, erweisen sich in den späteren Phasen i.d.R. als äußerst kostspielig und unter Umständen als irreparabel. Es macht dabei keinen Unterschied, ob ein Großunternehmen eine Tochtergesellschaft bzw. einen Unternehmensteil abstoßen möchte, um sich auf sein Kerngeschäft zu fokussieren, oder ob ein mittelständisches Unternehmen im Rahmen der Nachfolgeregelung einen Verkaufsprozess einläutet. In beiden Fällen müssen wichtige Fragen vor dem Einläuten des Unternehmensverkaufs durchdacht werden.

Ist jetzt der richtige **Zeitpunkt, um das Unternehmen bzw. einen Unternehmensteil zu veräußern?**

Begegnet man dieser Frage aus **makroökonomischer Sicht**, so lassen sich konjunkturelle Hochphasen als guter Veräußerungszeitpunkt identifizieren. Für börsengelistete Großunternehmen ist die aktuelle Börsenentwicklung ein guter Indikator zur Ermittlung eines geeigneten Verkaufstermins, da eine starke Korrelation zwischen hohen Börsenkursen und hohen Kaufpreiszahlungen zu beobachten ist.[89] Neben der reinen makroökonomischen Betrachtung spielt auch die **mikroökonomische Analyse** eine entscheidende Rolle. Wenn sich der Markt in einer Boomphase befindet, aber das zum Verkauf stehende Unternehmen nicht optimal für einen Verkauf positioniert ist, dann lässt sich aus dieser Konstellation kein hoher Verkaufserlös erzielen. In solch einer Situation sollten zuerst bestimmte strategische Umgestaltungen (z.B. Stärkung der Führungsebenen durch erfahrene Manager, Einführung einer neuen Produktlinie, Eröffnung einer neuen Niederlassung und vor allem Realisierung gewisser Umsatz- und Gewinngrößen bzw. -margen) durchgeführt werden, um das Verkaufsobjekt einem potenziellen Käufer möglichst attraktiv präsentieren zu können. Bei mittelständischen Unternehmen, die häufig familiengeführt sind, muss zusätzlich die persönliche Situation in die Evaluierung eines geeigneten Verkaufszeitpunktes einfließen. Beeinflussende Faktoren wären in diesem Fall die finanzielle, familiäre und gesundheitliche Lage sowie die Zukunftsplanung. Zudem hat eine M&A-Transaktion respektive ein Unternehmensverkauf bei mittelständischen Unternehmen regelmäßig einen Einmalcharakter, weshalb der Verkaufszeitpunkt auch im Hinblick auf die Finanzierung der Altersvorsorge mit besonderer Sorgfalt gewählt werden sollte.

Hat der Verkäufer ausreichend Kenntnis von den Besonderheiten eines M&A-Verkaufsprozesses?

Großunternehmen können sich in aller Regel kaum den M&A-Aktivitäten ihrer Branche und Märkte entziehen. Sie verfügen oftmals über weitreichende **Erfahrung mit Mergers & Acquisitions** und sind mit den typischen Prozessschritten sowie diversen weiteren M&A-Parametern bestens vertraut. Im unteren und mittleren Segment der mittelständischen Unternehmen ist die M&A-Erfahrung oft auf ein Minimum begrenzt. Familiengeführte Mittelständler rufen das Thema M&A erst beim Aufkommen der Nachfolgeregelung auf die Tagesordnung und haben sich häufig bis zu diesem Zeitpunkt kaum mit Firmenfusionen oder -übernahmen

[89] Vgl. Exler (2006), S. 18

beschäftigt. Aus diesem Umstand resultiert oftmals ein ungünstiger Start des Unternehmensverkaufs, da in den Köpfen der Unternehmer meist ein unrealistischer Zeitplan zur Durchführung der Transaktion schwebt und sie sich der Komplexität einer M&A-Transaktion nicht bewusst sind. So kommt es im Mittelstand häufig vor, dass die Geschäftsführung mit der **Doppelbelastung** einer Unternehmenstransaktion und der Fortführung des operativen Tagesgeschäfts im ersten Moment stark überfordert ist. Aus diesem Grund ist es wichtig, dass sowohl mittelständische Unternehmen als auch Großunternehmen sich im Vorfeld eines M&A-Projektes über die Tragweite dieses Unterfangens ein klares Bild machen.

Ziehen alle Gesellschafter bzw. Aktionäre und die Manager hinsichtlich des Verkaufsvorhabens am gleichen Strang?

Dies ist eine grundsätzliche Frage, über die sich alle Parteien im Klaren sein müssen. Großunternehmen verfügen i.d.R. über **breite Organisationsstrukturen** mit mehreren Führungsebenen sowie einer Trennung des Kontroll- und Leistungsapparates. Aufgrund des klassischen Principal-Agent-Konflikts kommt es in diesen Unternehmen im Rahmen von M&A-Entscheidungen teilweise zu Entscheidungsfindungen, die den Managern dank einer leistungsabhängigen Bezahlung in die Karten spielen. Beeinflusst wird ein M&A-Verkaufsprozess durch dieses Problem jedoch nicht. Anders gestaltet sich die Situation bei vielen mittelständischen Unternehmen, wo sich häufig **Unternehmensbesitz und Unternehmensführung** in den gleichen Händen befinden. Halten zwei Gesellschafter kumuliert über 50 % der Unternehmensanteile, haben beide eine leitende Position im Unternehmen inne und vertreten beide genau gegensätzliche Ansichten hinsichtlich eines Unternehmensverkaufs, dann steht der gesamte M&A-Prozess und damit der Transaktionserfolg auf äußerst wackligen Beinen. Einer der Gesellschafter könnte beispielsweise durch seine ablehnende Haltung den Verkaufsprozess wesentlich verlangsamen oder die abschließenden Vertragsverhandlungen durch unrealistische Forderungen abrupt beenden. Einen ähnlichen Verlauf kann ein Unternehmensverkauf auch nehmen, wenn Eigentum und Unternehmensführung in nur einer Person vereint sind. Es ist für Unternehmer oft nicht einfach, ihr Lebenswerk an einen Dritten zu übergeben und mental die Idee zu akzeptieren, dass sie nicht länger Geschäftsführer bzw. Gesellschafter sind. Es ist also klar, dass der Transaktionsausgang in hohem Maße von der Harmonie unter den Transaktionsbeteiligten und deren Verkaufsbereitschaft abhängt.

Wie groß soll der Kreis der in den bevorstehenden Unternehmensverkauf Eingeweihten sein?

Vertraulichkeit ist eines der obersten Gebote im M&A-Geschäft. Genau aus diesem Grund sollte der Kreis der Eingeweihten mit großer Sorgfalt bestimmt und zugleich möglichst klein gehalten werden. Ist zum Beispiel bei einem börsengelisteten Großunternehmen der Kreis der mit dem Unternehmensverkauf vertrauten Personen größer als nötig, dann können schnell Informationen an die Öffentlichkeit gelangen. Dieses Informationsleck kann erhebliche Auswirkungen auf den Börsenkurs des Verkaufsunternehmens und damit auf den Unternehmensverkauf haben. Ein weiteres Problem, das durch eine unbeabsichtigte sowie zu frühe Bekanntmachung einer M&A-Verkaufstransaktion häufig eintritt, ist die Abwanderung von einzelnen Leistungsträgern des Unternehmens. Tragen diese Personen maßgeblich zur Wertschöpfung bei oder verfügen sie über einzigartiges Know-how im Unternehmen, so kann deren Unternehmenswechsel zu einer schrittweisen Entwertung des verkaufswilligen Unternehmens führen.[90] Als Resultat wird sich eine Kaufpreisminderung einstellen und das Kaufinteresse potenzieller Bieter reduziert. Dieses Phänomen betrifft sowohl mittelständische Unternehmen als auch Großunternehmen.

3.1.1.2 Häufige Verkaufsbedenken

Verkaufsbedenken stehen oftmals der Initiierung eines Unternehmensverkaufs im Weg und können zahlreiche Ursachen haben. Da im Mittelstand häufig weniger M&A-Erfahrung gesammelt werden konnte als bei Großunternehmen, ist diese Unternehmensgruppe in besonderem Maß für Verkaufsbedenken sensibilisiert. Die Royal Bank of Scotland hat gegen Ende 2012 die Studie „Middle Market

[90] Vgl. Exler (2006), S. 33

M&A Outlook 2013" veröffentlicht, welche unter anderem die wichtigsten Verkaufsbedenken[91] mittelständischer Unternehmen auflistet:[92]

- Zu geringer Verkaufserlös
- Abwanderung von Leistungsträgern des Verkaufsunternehmens während oder nach der Unternehmenstransaktion
- Kundenwahrnehmung hinsichtlich Qualität, Service etc. des Verkaufsunternehmens
- Kontrollverlust und Verlust der Entscheidungsmacht
- Zusammenschluss zu verschiedener Unternehmenskulturen
- Störung der operativen Geschäftstätigkeit während der Unternehmenszusammenführung (Post-Merger-Integration)
- Ablenkungen (hinsichtlich des operativen Tagesgeschäfts) während des Verkaufsprozesses

3.1.1.3 Vendor Due Diligence

In der Vorbereitungsphase eines Verkaufsprozesses wird teilweise vom Verkäufer vorausschauend eine sogenannte Vendor Due Diligence (VDD) in Auftrag gegeben, die eine **unabhängige Einschätzung des Zielunternehmens** liefern soll.

Unter einer **Vendor Due Diligence** versteht man im Detail eine Durchleuchtung des zum Verkauf stehenden Unternehmens durch externe Wirtschaftsprüfer, Anwaltskanzleien und Steuerberater. Untersucht werden dabei rechtliche und steuerliche Grundlagen sowie die Finanz-, Vermögens- und Ertragslage des Unternehmens.

---

[91] Die Liste der Verkaufsbedenken wurde anhand der Aussagen 125 befragter mittelständischer US-Unternehmen generiert.

[92] Vgl. RBS Citizens Financial Group (2012), S. 18

Das Ergebnis einer VDD ist der Vendor Due Diligence-Report. Dieser VDD-Bericht trägt zur Erleichterung einer strukturierten Due Diligence im Verkaufsprozess bei und wird in der Due Diligence-Phase an potenzielle Käufer ausgegeben.[93] Häufig wird eine VDD bei Unternehmensverkäufen im Zuge eines Auktionsverfahrens durchgeführt und hilft dabei den Due Diligence-Prozess optimal vorzubereiten sowie zu verkürzen.[94] Generell haften die externen Berater (Wirtschafsprüfer bzw. Rechtsanwälte) für etwaige Fehler im VDD-Bericht. Sie sind jedoch bemüht, über Haftungsausschlüsse ihre Haftung hinsichtlich fehlerhafter Aussagen im VDD-Report zu minimieren.

Die **Kosten für die VDD** trägt der Verkäufer, der jedoch auch **zahlreiche Vorteile** aus der VDD für sich ableiten kann. Auf der einen Seite gewährt der Vendor Due Diligence-Bericht dem Verkäufer einen objektiven Blick auf sein eigenes Unternehmen, wodurch dieser eine realistischere Einordnung des denkbaren Verkaufserlöses treffen kann.[95] Zudem offenbart der VDD-Bericht potenzielle Schwächen bzw. Mängel im Verkaufsunternehmen, die folglich vor dem offiziellen Verkaufsprozessbeginn vom Verkäufer beseitigt werden können. Dadurch wird der Verkäufer von potenziellen Käufern während den Vertragsverhandlungen mit keinen überraschenden Negativbefunden zu seinem Unternehmen konfrontiert und den Käufern wird die Argumentationsgrundlage für Kaufpreissenkungen genommen. Summa summarum wird somit die Verhandlungsposition des Verkäufers während den Vertragsverhandlungen deutlich gestärkt. Auf der anderen Seite schafft der Vendor Due Diligence-Bericht ein hohes Maß an Transparenz für potenzielle Käufer und hilft ihnen im Rahmen eines verkürzten Due Diligence-Prozesses Kosten einzusparen.[96]

---

[93] Vgl. Mohr; Bärtl (2012), S. 245 und Bühler; Bindl (2012), S. 188

[94] Vgl. Behringer (2013), S. 165

[95] Vgl. Bühler; Bindl (2012), S. 189

[96] Vgl. Bühler; Bindl (2012), S. 188

3.1.1.4 Beraterunlversum

Der Verkäufer und die potenziellen Käufer sind nicht die einzigen Parteien, die an einem Verkaufsprozess beteiligt sind. Da die Eigentumsübertragung eines Unternehmens ein komplizierter und häufig zeitaufwendiger Vorgang ist, wird die Einbeziehung von Beratern dringend empfohlen. Die Anzahl an Beratern und die Anforderung an deren Spezialwissen hängen von der Transaktionsgröße und -art ab.[97] Auch die „**Kosten-Nutzen-Planung**" hinsichtlich der Berater stellt eine wichtige Entscheidungsgröße für die Beraterwahl dar. Generell lässt sich die Expertise eines Beraters anhand dessen Erfahrung beurteilen. Unternehmen sollten sich also, bevor sie einen Berater mit ins Boot holen, relevante M&A-Beratungsreferenzen[98] zeigen lassen. Die wichtigsten Berater im Rahmen einer M&A-Transaktion sind:

- Investmentbanken und M&A-Boutiquen
- Wirtschaftsprüfer und Steuerberater
- Rechtsanwälte
- sonstige Berater

Natürlich bleibt die Beaufsichtigung des Verkaufsprozesses dem Verkäufer überlassen. Er trifft die Entscheidung bei der Wahl des potenziellen Käufers. Zudem ist er stets an den Verhandlungsrunden und bei der Erstellung der Verkaufsunterlagen beteiligt. Nicht zuletzt trägt der Verkäufer die Verantwortung für sensible Bereiche wie Arbeitnehmerfragen oder die Offenlegung von Informationen.[99]

---

[97] Vgl. Ernst; Häcker (2011), S. 32

[98] Bei Investmentbanken oder M&A-Boutiquen könnte eine solche Referenz der „Track Record" sein, der zeigt wie viele Transaktionen ein M&A-Berater bereits generell und wie viele er in bestimmten Branchen betreut hat.

[99] Vgl. Ernst; Häcker (2011), S. 34

3.1.1.4.1 Investmentbanken und M&A-Boutiquen

Die wichtigsten Berater in einem Verkaufsprozess sind für gewöhnlich die Investmentbanken bzw. M&A-Boutiquen.[100] Dank ihres fundierten M&A-Know-hows sowie ihrer nationalen und internationalen Netzwerke sind sie besonders positioniert, um eine **optimale Transaktionsstruktur** zu gewähren. Zusätzlich zu den Informationen, die sie von anderen prozessbeteiligten Beratern erhalten und analysieren, führen Investmentbanken bzw. M&A-Boutiquen eine **Unternehmensbewertung** zur Bestimmung einer realistischen Unternehmenswertspanne durch. Auch die Erstellung **wichtiger Dokumente** im Verkaufsprozess, wie z.B. das Informationsmemorandum oder die Management-Präsentation, zählen zum Aufgabenspektrum einer Investmentbank bzw. M&A-Boutique. Des Weiteren übernehmen sie die primäre Verantwortung für die **Verhandlungen**, da ihnen ein tiefer Einblick in die Unternehmensumstände und Motive der Verkäufer gewährt wird. Aufgrund der Vielzahl an wichtigen und vertraulichen Informationen sind sie am besten in der Lage, den gesamten M&A-Prozess (inklusive der Verhandlungen und der Kommunikation zwischen den Parteien) effizient zu verwalten.[101]

Die folgende Tabelle zeigt die zehn weltweit erfolgreichsten M&A-Finanzdienstleitungsberater im Jahr 2013:

No.	Firmenname	Deal-Volumen (USDm)	Deals
1	Goldman Sachs	604.538	304
2	JPMorgan	563.656	244
3	Morgan Stanley	529.014	261
4	Bank of America Merril Lynch	494.293	200

[100] M&A-Boutiquen sind unabhängige spezialisierte Beratungsunternehmen, die auf M&A-Beratungsdienstleistungen fokussiert sind. Zu den M&A-Boutiquen werden hier ebenfalls Corporate-Finance-Beratungshäuser hinzugezählt, die M&A-Dienstleistungen anbieten.

[101] Vgl. Ernst; Häcker (2011), S. 32 f.

5	Barclays	370.469	174
6	UBS Investment Bank	333.618	161
7	Citi	280.183	181
8	Deutsche Bank	219.019	141
9	Lazard	190.121	198
10	Credit Suisse	187.779	158

Tabelle 3-1: Weltweites Ranking der M&A-Finanzdienstleistungsberater in 2013 (nach kumuliertem Deal-Volumen) [102]

Die folgende Tabelle zeigt einige in Deutschland tätige M&A-Boutiquen (in alphabetischer Reihenfolge):

M&A-Boutiquen	Homepage
@VISORY partners GmbH	http://www.visory.de
Angermann M&A International GmbH	http://www.angermann-ma.de
Clairfield International (SynCap Management GmbH)	http://www.clairfield.de
DC Advisory (Daiwa Corporate Advisory GmbH)	http://de.dcadvisory.com
Lazard & Co. GmbH	http://www.lazard.com
Leonardo & Co. GmbH	http://www.leonardo-co.de
Lincoln International AG	http://www.lincolninternational.com

Tabelle 3-2: M&A-Boutiquen in Deutschland [103]

[102] Quelle: Eigene Darstellung in Anlehnung an: Mergermarket (2013a), S. 7

[103] Quelle: Eigene Darstellung

3.1.1.4.2 Wirtschaftsprüfer und Steuerberater

Wirtschaftsprüfer werden benötigt, um den Jahres- bzw. Konzernabschluss zu prüfen und im Anschluss zu testieren. Ferner bieten die großen WP-Gesellschaften auch M&A-Dienstleistungen analog der Investmentbanken und M&A-Boutiquen an. Sie besitzen die Fachkenntnis, einen Jahresabschluss nach HGB oder bei börsennotierten Unternehmen in Europa nach IFRS aufzustellen. Im M&A-Prozess nehmen sie eine wichtige Unterstützungsfunktion bei der Durchführung der sogenannten Financial Due Diligence und Tax Due Diligence ein.[104]

Die vier größten Wirtschaftsprüfungsgesellschaften, die den Großteil der börsennotierten Kapitalgesellschaften weltweit prüfen und beraten, werden als „**Big Four**" bezeichnet:

- PricewaterhouseCoopers
- KPMG
- Deloitte & Touche
- Ernst & Young

3.1.1.4.3 Rechtsanwälte

Rechtsanwälte sind in Bezug auf eine Vielfalt von rechtlichen Fragestellungen unverzichtbar. Die Aufgaben einer Rechtsanwaltskanzlei im Rahmen einer M&A-Transaktion reichen dabei von der juristischen Prüfung, über die Entwicklung sowie Implementierung einer rechtlich optimierten Transaktionsstruktur bis hin zur Bereitstellung und Verwaltung des Datenraums. Prüfungsgegenstand der Rechtsanwälte ist zudem die kartellrechtliche Situation des Käufers nach Abschluss einer Unternehmenstransaktion. Die Aufgabe des Rechtsanwaltes im Verkaufsprozess endet mit der Erstellung der rechtlichen Dokumentation des Prozesses respektive der Kaufvertragsunterzeichnung.[105]

---

104 Vgl. Ernst; Häcker (2011), S. 33

105 Vgl. Ernst; Häcker (2011), S. 34

Die folgende Tabelle zeigt die zehn weltweit erfolgreichsten M&A-Rechtsberater im Jahr 2013:

No.	Firmenname	Deal-Volumen (USDm)	Deals
1	Davis Polk & Wardwell	317.576	112
2	Wachtell, Lipton, Rosen & Katz	303.392	68
3	Simpson Thacher & Bartlett	297.212	141
4	Weil Gotshal & Manges	282.515	180
5	Latham & Watkins	271.914	319
6	Jones Day	229.610	238
7	De Brauw Blackstone Westbroek	224.563	59
8	Slaughter and May	218.368	59
9	Freshfields Bruckhaus Deringer	207.863	229
10	Skadden Arps Slate Meagher & Flom	205.827	196

Tabelle 3-3: Weltweites Ranking der M&A-Rechtsberater in 2013 (nach kumuliertem Deal-Volumen) [106]

3.1.1.4.4 Sonstige Berater

Je nach Branche des Zielunternehmens können die Annahmen und Berichte bestimmter Gutachter, Ingenieure oder Umweltberater von großem Nutzen für die Beurteilung der Qualität der Geschäftstätigkeit eines Unternehmens sein. So würde beispielsweise bei einem Chemie- oder Pharmaunternehmen als Zielunternehmen eine Environmental Due Diligence durch einen spezialisierten Umweltberater als äußerst sinnvoll erscheinen, um mögliche Umweltrisiken im Zusammenhang mit einer geplanten M&A-Transaktion frühzeitig zu identifizieren.

[106] Quelle: Eigene Darstellung in Anlehnung an: Mergermarket (2013b), S. 7

3.1.1.4.5 Unterschiede bei der Beraterwahl für mittelständische Unternehmen und Großunternehmen

Einer der bedeutendsten Unterschiede im Hinblick auf den M&A-Prozess eines Mittelständlers bzw. Großunternehmens ist die Erfahrung. Sie wirkt sich unter anderem stark auf die Beraterwahl aus.

Großunternehmen, zu denen auch Konzerne zählen, verfügen häufig über **eigene M&A-Abteilungen**, die sich wie die Unternehmensführung, überwiegend mit strategischen Fragestellungen beschäftigen. In diesem Zusammenhang ist es bei großen Aktiengesellschaften kaum verwunderlich, dass diese Abteilungen direkt beim CEO oder CFO angekoppelt sind.[107] M&A wird bei Großunternehmen oftmals als Daueraufgabe verstanden, weshalb dank interner M&A-Abteilungen, ein stabiler Kreis von M&A-Experten geschaffen wird.[108] Dieses Team verfügt über das erforderliche M&A-Spezialwissen, wodurch Kauf- und Verkaufstransaktionen im Vorfeld besser beurteilt und im Prozessverlauf effizienter gestaltet werden können. Ergänzend werden Wiederholungsfehler dank der Lernkurve zunehmend vermieden. Bei Großunternehmen sind M&A-Transaktionen jedoch keinesfalls „One-Man-Shows" der eigenen M&A-Abteilung(en). Vielmehr werden bei ausreichend großen und damit attraktiven Unternehmenstransaktionen namhafte Investmentbanken (z.B. Goldman Sachs, Morgan Stanley etc.) involviert, die aufgrund ihres internationalen Netzwerks sowie ihrer einzigartigen M&A-Expertise für einen optimalen Transaktionsprozess und eine geeignete Käufer- bzw. Verkäuferauswahl sorgen können. Nähert sich der M&A-Prozess der Due Diligence-Phase, so werden auch die führenden Wirtschaftsprüfungsgesellschaften (wie KPMG, PwC, Ernst & Young etc.) und Anwaltskanzleien mandatiert. Die interne M&A-Abteilung des Großunternehmens erleichtert dank seines M&A-Know-hows dabei wesentlich den Informationsfluss zwischen allen Parteien.

Anders gestaltet sich die Situation mit Blick auf mittelständische Unternehmen. Vor allem das untere und mittlere Mittelstandsseg-

---

[107] Vgl. Mohr; Bärtl (2012), S. 240

[108] Vgl. Bühler; Bindl (2012), S. 178

ment verfügt häufig nicht über eine eigene M&A-Abteilung, da die Unternehmensgröße und die verfügbaren Kapazitäten dies nicht zulassen. Es erweist sich für viele Mittelständler als unrentabel, dauerhaft M&A-Know-how im Unternehmen zu bündeln.[109] Erst wenn im Hinblick auf die Transaktionshäufigkeit eine gewisse M&A-Aktivität von einem Unternehmen ausgeht und das M&A-Transaktionsvolumen ein bestimmtes Niveau erreicht, dann kann der Aufbau einer eigenen M&A-Abteilung als der logische nächste Schritt angesehen werden. Somit lässt sich regelmäßig ein **Mangel an M&A-Erfahrung** bei mittelständischen Unternehmen feststellen, der die temporäre Einschaltung von erfahrenen externen M&A-Beratern im Zuge eines geplanten Unternehmensverkaufs unvermeidlich macht. Im Mittelstand werden jedoch zum Transaktionsauftakt häufig keine M&A-Boutiquen oder Investmentbanken mit der Transaktionsvorbereitung, -strukturierung und -durchführung betraut, sondern der Verkaufsprozess wird mit dem Steuerberater als einzigem M&A-Berater initiiert.[110] Der Steuerberater stellt für viele Unternehmen zwar einen langjährigen Ansprechpartner und damit eine Vertrauensperson dar, jedoch verfügt er i.d.R. nicht über eine fundierte Problemlösungskompetenz im Bereich Mergers & Acquisitions. Einem Unternehmer wird häufig erst im Verkaufsprozess hundertprozentig klar, wie aufwendig und komplex eine Unternehmensveräußerung ist. Nicht zuletzt führt die immense **Doppelbelastung** der M&A-Transaktion und der Fortführung des operativen Geschäfts einen mittelständischen Unternehmensführer früher oder später an seine Grenzen. Trotz der häufig anzutreffenden Kostensensibilität der Mittelständler kann die Einbeziehung der richtigen M&A-Berater zum richtigen Zeitpunkt zu einer wesentlichen Entlastung des Unternehmers und einer erheblichen Optimierung des M&A-Prozesses beitragen. Im Gegensatz zu einer Large-Cap-Unternehmenstransaktion wird oftmals im unteren Mittelstandssegment keine Investmentbank als M&A-Berater aktiv, da diese i.d.R. erst ab einem höheren Transaktionsvolumen in

---

[109] Vgl. Müller; PricewaterhouseCoopers (Hrsg.) (2011), S. 9

[110] Vgl. Jaques (2012b), S. 23

Erscheinung treten. Übrig bleiben z.B. M&A-Boutiquen, die sich als kompetente M&A-Berater auch in diesem Segment platziert haben.

3.1.1.5 Checkliste: Die 10 wichtigsten Grundregeln einer richtigen Verkaufsstrategie

Checkliste: Die 10 wichtigsten Grundregeln einer richtigen Verkaufsstrategie [111]

- ☑ Der Verkäufer sollte ausreichend Kenntnis über die Rahmenbedingungen eines Verkaufsprozesses besitzen.
- ☑ Alle Gesellschafter und Manager sollten am gleichen Strang ziehen.
- ☑ Eine frühzeitige Planung des Verkaufsprozesses ist von großer Bedeutung für den Transaktionserfolg.
- ☑ Der Kreis, der in den bevorstehenden Unternehmensverkauf Eingeweihten, sollte möglichst klein gehalten werden.
- ☑ Vor dem Transaktionsstart sollten vorbereitende Maßnahmen vom Verkäufer implementiert werden.
- ☑ Die Involvierung erfahrener M&A-Berater in den Transaktionsprozess ist unabdingbar.
- ☑ Der Verkäufer sollte ein möglichst glaubwürdiges Verkaufsmotiv entwickeln.
- ☑ Für den Transaktionsstart sollte die richtige konjunkturelle Stimmung abgewartet werden.
- ☑ Mit dem Unternehmensverkauf sollte ein Verkäufer erst an den Markt treten, wenn alle Vorbereitungen getroffen sind.
- ☑ Der Verkäufer sollte sich zu jedem Zeitpunkt auf die Fortführung des Unternehmens einstellen.

[111] Vgl. Exler (2006), S. 119

3.1.2 Der Startschuss: Beauty Contest

Ab diesem Punkt wird bis zum Schluss der M&A-Prozess-Analyse der Dienstleistungsansatz zur Beschreibung der einzelnen Verkaufsphasen gewählt.

Am Anfang des M&A-Prozesses steht der sogenannte „Beauty Contest".

Bei diesem **Beauty Contest** geht es für die Investmentbanken bzw. M&A-Boutiquen darum, sich im Rahmen einer Präsentation beim Zielunternehmen möglichst vorteilhaft zu präsentieren und dieses von den eigenen Kompetenzen zu überzeugen.

Unter Fachleuten wird diese Präsentation als „Pitch" bezeichnet. Die Pitch-Präsentation beschreibt das Hauptziel und den Prozess der beabsichtigten M&A-Transaktion. Das Ziel ist es, den potenziellen Kunden mit einem hohen Maß an Branchen-Know-how, M&A-Expertise und Reputation von der Sinnhaftigkeit der vorgestellten Transaktion zu überzeugen bzw. sich als „der richtige Berater" für das geplante M&A-Vorhaben zu positionieren.[112]

3.1.2.1 Pitch Book

Bei einem Beauty Contest legen die Investmentbanken dem potenziellen Kunden ein sogenanntes „Pitch Book" vor.

Das **Pitch Book** ist ein zentrales Marketinginstrument der Investmentbank und beinhaltet eine strategische Analyse des betrachteten Unternehmens. Das Pitch Book ist die Visitenkarte einer Investmentbank und umfasst, je nach voraussichtlichem Transaktionsvolumen, für gewöhnlich 60–80 Seiten. Nachfolgend werden die drei wesentlichen Bestandteile eines Pitch Book dargestellt.

Der **erste Teil des Pitch Book** befasst sich mit der Strategie-, Finanz- und Wettbewerbssituation des Zielunternehmens. Dabei ist die SWOT-Analyse (Stärken-, Schwächen-, Chancen- und Risikenanalyse) ein integraler Bestandteil. Diese Analyse vermittelt ein deutliches Bild über die Positionierung des Unternehmens im rele-

[112] Vgl. Ernst; Häcker (2011), S. 24

vanten Markt. Zudem wird eine „Gap-Analysis" („Lücken-Analyse") durchgeführt, die zur Identifikation operativer und strategischer Lücken angewandt wird. Anhand einer Kombination aus SWOT- und Gap-Analysis kann die Investmentbank bzw. M&A-Boutique dem Zielunternehmen wertvolle Argumente für die Durchführung der M&A-Transaktion nennen. Eine Marktanalyse, die sich mit dem Marktgeschehen und der Marktentwicklung (z.B. Marktvolumen, -wachstum, -anteile, Stellung des Marktes im Lebenszyklus, Wettbewerbsintensität etc.) beschäftigt, rundet den ersten Teil des Pitch Book ab.

Der **zweite Teil des Pitch Book** untersucht die Möglichkeiten des Zielunternehmens, vorhandene strategische und operative Lücken zu schließen. Stellt ein Unternehmenskauf oder -verkauf eine realisierbare Option zur Beseitigung der Lücken dar, werden potenzielle Kandidaten identifiziert und entsprechend ihres strategischen Fit gerankt. Die Liste der potenziellen Kandidaten wird im Fachjargon als „Long List" bezeichnet.

Der **letzte Abschnitt des Pitch Book** enthält Empfehlungen über die geeignete Strategie für das Zielunternehmen. Dabei werden die Vor- und Nachteile jeder Handlungsmöglichkeit auf Grundlage der aktuellen Situation und zukünftiger Entwicklungen analysiert. Abschließend werden die im Prozess erforderlichen Schritte aufgelistet und diskutiert. Im dritten Abschnitt präsentiert die Investmentbank bzw. M&A-Boutique dem potenziellen Mandanten zusätzlich eine Unternehmenswertspanne, die eine erste Indikation für den im M&A-Prozess realisierbaren Verkaufspreis liefert. Zudem offenbart der M&A-Berater dem Zielunternehmen seinen Vergütungsplan.

Die wichtigste Herausforderung eines Beauty Contests bzw. Pitches ist es, Diskretion zu wahren. Schon das Gerücht über einen möglichen Eigentümerwechsel kann nachteilige Auswirkungen auf die Geschäftstätigkeit des Zielunternehmens haben.[113]

---

[113] Vgl. Ernst; Häcker (2011), S. 23 f.

3.1.2.2 Unterschiede beim Beauty Contest für mittelständische Unternehmen und Großunternehmen

Im Kern läuft ein Beauty Contest für einen Mittelständler und ein Großunternehmen ähnlich ab und das Pitch Book umfasst dieselben Punkte.

Generell hat das Pitch Book bzw. die Pitch-Präsentation bei mittelständischen Unternehmen einen etwas geringeren Umfang als bei Großunternehmen. Der Grund hierfür liegt an dem schwierigeren Zugang zu Unternehmensinformationen vieler Mittelständler. Aufgrund ihrer Unternehmensgröße und Rechtsform unterliegen viele Mittelständler reduzierteren Rechnungslegungs- und Publizitätsvorschriften als Großunternehmen. Dadurch werden die SWOT- und die Gap-Analyse sowie die indikative Unternehmensbewertung wesentlich erschwert.

Vor allem im unteren Mittelstandssegment ist der Beauty Contest nicht die Standardvariante für einen M&A-Berater, um eine M&A-Mandatierung zu erlangen. Oftmals wird in diesem Segment das Mandat direkt über das nationale bzw. internationale Netzwerk des M&A-Beraters an ihn vergeben. Vitamin B zahlt sich also auch im M&A-Geschäft aus und kann eine Pitch-Präsentation ersetzen.

3.1.2.3 Checkliste: Beauty Contest

Checkliste: Beauty Contest

- ☑ Die Investmentbank bzw. M&A-Boutique sollte durch die Pitch-Präsentation ihr relevantes Branchen-Know-how und ihre M&A-Expertise kompetent aufzeigen.
- ☑ Ziel sollte es sein, sich als „der richtige Berater“ für das M&A-Vorhaben zu positionieren.
- ☑ Das Pitch Book ist die Visitenkarte einer Investmentbank und besteht üblicherweise aus drei Teilen:
  - ☑ **Teil 1:** SWOT-, Gap- und Marktanalyse
  - ☑ **Teil 2:** Maßnahmen zur Schließung strategischer und operativer Lücken und Vorstellung der Long List

- ☑ **Teil 3:** Vor- und Nachteile mehrerer Handlungsalternativen des Zielunternehmens, indikative Unternehmensbewertung und Vergütungsvorschlag

☑ Die wichtigste Herausforderung eines Beauty Contests ist die Wahrung der Diskretion.

3.1.3 Mandatsvertrag

Konnte sich eine Investmentbank bzw. M&A-Boutique im Rahmen des Beauty Contests oder direkt über ihr Netzwerk für ein M&A-Verkaufsmandat platzieren, dann wird im Anschluss ein Mandatsvertrag zwischen dem Zielunternehmen und dem M&A-Berater aufgesetzt.

Der **Mandatsvertrag** ist ein Rechtsdokument, das die Beziehungen zwischen der Investmentbank bzw. der M&A-Boutique und dem Mandanten regelt. Es regelt im Detail die Transaktionsziele des Verkäufers und dessen Erwartungen gegenüber dem Berater.

Eine Investmentbank bzw. M&A-Boutique sollte im Regelfall nie ohne unterzeichneten Mandatsvertrag tätig werden, da sie zum einen aufgrund der vertraulichen Informationen keine rechtliche Legitimation zum Handeln (Haftungsrisiken) und zum anderen auch keinen Anspruch auf ein Honorar hat. Die Unterzeichnung des Mandatsvertrags zeigt auch, dass der Mandant wirklich „committed" ist und hinter der angestrebten Transaktion steht.

3.1.3.1 Typische Inhalte eines Mandatsvertrags

Der Mandatsvertrag zwischen der Investmentbank und dem Verkäufer enthält folgende Kernelemente: [114]

[1] Gegenstand und Ziel der Vereinbarung

- Der Auftraggeber beabsichtigt die (Teil-) Veräußerung des „Unternehmens A" (nachfolgend auch „Zielunter-

[114] Vgl. Ernst; Häcker (2011), S. 36 f.

nehmen“ oder „Auftraggeber“ genannt). Das Zielunternehmen besteht zudem aus den unmittelbaren oder mittelbaren Tochtergesellschaften und Beteiligungen.

- Der Auftraggeber beauftragt die Investmentbank bzw. M&A-Boutique, ihn in Bezug auf anstehende Transaktionsverhandlungen zu beraten.

[2] Verpflichtungen und Leistungen der Investmentbank

Die Investmentbank sollte in enger Abstimmung mit dem Auftraggeber unter anderem folgende Beratungsdienstleistungen erbringen:

- Analyse und Bewertung des Zielunternehmens, dessen Geschäftstätigkeit und Vermögenslage
- Erstellung einer Unternehmensbewertung
- Unterstützung bei der Erstellung der Dokumentation (Informationsmemorandum, Teaser, Management-Präsentation etc.)
- Erstellung einer Liste mit potenziellen Käufern sowie Aufnahme und Leitung von Verhandlungen mit den Entscheidungsträgern dieser Interessenten in enger Zusammenarbeit mit dem Auftraggeber.
- Beratung im Rahmen des Abschlusses von Absichtserklärungen und Exklusivitätsvereinbarungen
- Vorbereitung und Durchführung der Due Diligence
- Beratung des Auftraggebers bezüglich der Transaktionsstruktur
- Beratung hinsichtlich der Vertragsverhandlungen und des Kaufvertrages

[3] Vergütung

- Erfolgsunabhängige Vergütung: Die sogenannte Honorarpauschale wird monatlich gezahlt. Die Investmentbank bzw. M&A-Boutique berechnet eine fixe monatliche Auftragsgebühr („Retainer"), als Ausgleich für anfallende Kosten (z.B. für Research oder Telekommunikation).

- Erfolgsabhängige Vergütung: Die Erfolgsprämie („Success fee") ist ein prozentualer Anteil am später erzielten Transaktionswert. Es bestehen mehrere Möglichkeiten, die Erfolgsprämie zu gestalten. Im Interesse der Gewinnmaximierung sollte ein Verkäufer stets darauf achten, der Investmentbank Anreize zu geben. Dies geschieht unter anderem durch eine Erfolgsprämie, die proportional mit dem Transaktionswert wächst. Bei einem Transaktionswert von 100 Mio. Euro könnte eine „normale" Erfolgsprämie z.B. bei ca. 1 % des Transaktionswerts liegen.

[4] Leistungen des Mandanten

- Während der Gültigkeit dieses Vertrages ist die Investmentbank bzw. M&A-Boutique exklusiv mit dem Gegenstand und Ziel dieser Vereinbarung betraut.
- Auf Anfrage der Investmentbank bzw. M&A-Boutique hat der Auftraggeber dieser alle für die Transaktion relevanten Informationen und Dokumente bereitzustellen.
- Der Auftraggeber ist nur mit vorheriger Zustimmung der Investmentbank bzw. M&A-Boutique befugt, Gespräche mit einem Käufer und dessen direkten oder indirekten Anteilseignern aufzunehmen.
- Der Kunde ist damit einverstanden, dass die Investmentbank bzw. M&A-Boutique öffentlich verfügbare Informationen, ohne vorherige Prüfung auf Vollständigkeit oder Richtigkeit, verwertet bzw. nutzt.

[5] Haftung

Die Investmentbank bzw. M&A-Boutique haftet nur für Schäden, die auf Vorsatz oder grober Fahrlässigkeit beruhen.

[6] Vertraulichkeit

- Die Investmentbank verpflichtet sich, sämtliche vom Auftraggeber erhaltene Informationen streng vertraulich zu behandeln. Diese Regelung gilt nicht für öffentlich zugängliche Informationen bezüglich des Zielunternehmens.
- Die Investmentbank benötigt zur Veröffentlichung dieser vertraulichen Informationen oder zur Weitergabe dieser Informationen an Dritte die ausdrückliche Zustimmung des Auftraggebers.

[7] Kündigung

- Der Vertrag kann von beiden Parteien jederzeit gekündigt werden. Die Kündigung bedarf zu ihrer Wirksamkeit der Schriftform.
- Sollte der Mandant den Mandatsvertrag mit der Investmentbank kündigen, so ist die Investmentbank dennoch für die nächsten zwei Jahre erfolgshonorarberechtigt, wenn der Mandant mit einem von der Investmentbank identifizierten Long-List-Kandidaten und/oder angesprochenen Unternehmen die Transaktion abschließt.

[8] Gerichtsstand

- Der Vertrag unterliegt ausschließlich dem Recht der Bundesrepublik Deutschland.
- Der Schiedsgerichtsort ist Frankfurt am Main. Die Sprache des Schiedsverfahrens ist Englisch.

[9] Verschiedenes

- Der Vertrag enthält alle Vereinbarungen zwischen dem Auftraggeber und der Investmentbank bzw. M&A-Boutique bezüglich dieser Angelegenheit. Es existieren keine schriftlichen oder mündlichen Nebenabreden.
- Sollten einzelne Bestimmungen des Vertrages unwirksam sein oder werden, bleibt die Gültigkeit der übrigen

Vertragsbestimmungen unberührt. An die Stelle der unwirksamen Klausel tritt diejenige zulässige Klausel, die den gängigen wirtschaftlichen Sinn am ehesten wiedergibt.

3.1.3.2 Checkliste: Mandatsvertrag

Checkliste: Mandatsvertrag
☑ Im Rahmen einer Verkaufstransaktion regelt der Mandatsvertrag die Rechte und Pflichten des M&A-Beraters und die des Verkäufers.
☑ Typische Inhalte eines Mandatsvertrags sind: ☑ Gegenstand und Ziel der Vereinbarung ☑ Verpflichtungen und Leistungen der Investmentbank ☑ Vergütung ☑ Leistungen des Mandanten ☑ Haftung ☑ Vertraulichkeit ☑ Kündigung ☑ Gerichtsstand ☑ Verschiedenes

3.1.4 Auswahl eines geeigneten Verfahrens

Im Hinblick auf die Auswahl eines geeigneten Verfahrens für die Verkaufstransaktion besteht ein **Zielkonflikt**. Kein Transaktionsverfahren ermöglicht es dem Verkäufer in gleichem Maße eine **Maximierung des Verkaufspreises** und zeitgleich einen **hohen Grad an Vertraulichkeit** zu gewährleisten.[115] Allgemein erhöht ein breites Bieterfeld im Verkaufsprozess den Wettbewerbsdruck unter

[115] Vgl. Mohr; Bärtl (2012), S. 243

den potenziellen Käufern, was sich direkt positiv auf die Höhe des erzielbaren Verkaufspreises auswirkt. Gleichzeitig erhöht sich mit einer steigenden Anzahl an potenziellen Käufern aber auch der Transaktionsaufwand auf Seiten des Verkäufers und es steigt das Risiko, dass die Verkaufsabsicht frühzeitig an die Öffentlichkeit dringen könnte. Es muss also ein geeignetes Transaktionsverfahren gewählt werden, das den jeweiligen Besonderheiten des zum Verkauf stehenden Unternehmens bestmöglich gerecht wird. Dank ihrer Erfahrung kann eine Investmentbank bzw. M&A-Boutique den Veräußerer bei der Wahl des geeigneten Verfahrens zielführend beraten.

Für die Ansprache potenzieller Käufer bei einem Unternehmensverkauf hat der Verkäufer die Wahl zwischen mehreren Verfahren (siehe Abbildung 3-2).

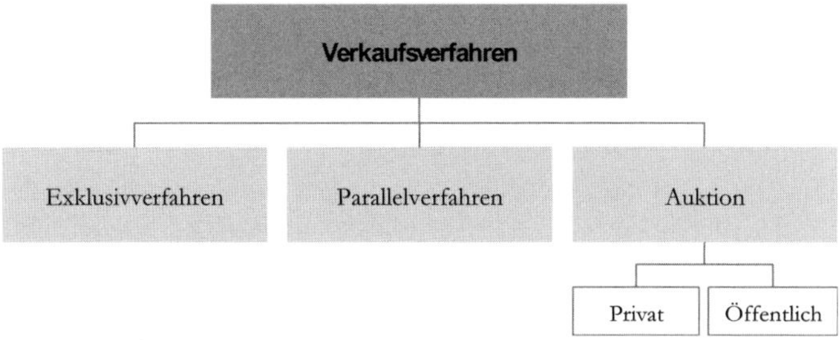

Abbildung 3-2: Verkaufsverfahren bei Unternehmensverkäufen[116]

3.1.4.1 Exklusivverfahren

Ein **Exklusivverfahren** ist eine „Eins-zu-eins"-Verhandlung mit einem potenziellen Käufer.

Die Besonderheit des Exklusivverfahrens ist, dass der Verkäufer bereits im Vorfeld der Verkaufstransaktion **den „optimalen" Erwerber** identifizieren konnte. Dieser potenzielle Käufer verfügt

---

[116] Quelle: Eigene Darstellung

aus Verkäufersicht über den „perfekten Fit".[117] Anschließend soll mit diesem Erwerber im geplanten M&A-Prozess exklusiv verhandelt werden. Das Verkäuferunternehmen bzw. dessen M&A-Berater stellt den Kontakt zum Käufer her und übermittelt ihm erste relevante Informationen über das Zielunternehmen. Willigt der potenzielle Erwerber in ein Exklusivverfahren ein, dann folgen im nächsten Schritt erste Verhandlungsgespräche, die zur Klärung wesentlicher Transaktionsfaktoren und der Transaktionsgestaltung genutzt werden. Besteht nach diesen ersten Gesprächsrunden sowohl von Verkäufer- als auch von Käuferseite nach wie vor das Interesse an einem Exklusivverfahren, so können zeitnah eine Due Diligence des Zielunternehmens eingeleitet und Verhandlungen über den Kaufvertrag geführt werden.

Das Exklusivverfahren bietet dem Verkäufer einige entscheidende **Vorteile**. Neben dem Verkäufer und seinem M&A-Berater wird lediglich ein weiterer potenzieller Käufer in das Verkaufsvorhaben eingeweiht, wodurch ein hohes Maß an Vertraulichkeit garantiert wird. Zudem ermöglicht die maßgeschneiderte Transaktionsstruktur einen schnellen Verkaufsabschluss.

Das „One-on-One"-Verfahren bringt jedoch auch einige **Nachteile** für den Veräußerer. Der offensichtlichste Nachteil ist der fehlende Käuferwettbewerb. Infolgedessen kann der Verkäufer keinen Vergleich mit anderen Kaufpreisangeboten ziehen und den Käuferwettbewerb nicht zur Maximierung des Verkaufspreises nutzen. Beide Faktoren führen zu einer schwachen Verhandlungsposition des Verkäufers und resultieren regelmäßig in einem suboptimalen Verkaufserlös.

3.1.4.2 Parallelverfahren

Unter einem **Parallelverfahren** versteht man gleichzeitige Verhandlungen mit einem eng ausgewählten Kreis potenzieller Erwerber.

Im Zuge des Parallelverfahrens wird die Investmentbank bzw. M&A-Boutique damit beauftragt, eine **ausgewählte Anzahl geeig-**

---

[117] Vgl. Marks et al. (2012), S. 103

neter potenzieller Käufer zu identifizieren und diese, nach Absprache mit dem Verkäufer, getrennt voneinander zu kontaktieren. Im Laufe des Verkaufsprozesses wird diese Auswahl auf zwei bis drei potenzielle Käufer reduziert, mit denen abschließend Kaufvertragsverhandlungen aufgenommen werden.

Auf diesem Weg kann ein höheres Wettbewerbsniveau als beim Exklusivverfahren aufgebaut und zeitgleich ein Kaufpreisangebotsvergleich vorgenommen werden. Zudem wird auch beim Parallelverfahren ein gewisser Grad an Vertraulichkeit sichergestellt.

Die Nachteile dieser Verfahrenswahl sind die höhere Publizität interner Unternehmensdaten und ein häufig geringerer Verkaufspreis als bei einer Auktion.

3.1.4.3 Auktion

„Schon in der Römerzeit war das primäre Ziel einer Auktion, auf Basis des zugrundeliegenden Bieterwettbewerbs den maximal erzielbaren Preis für ein bestimmtes Gut zu ermitteln."[118]

Ein identischer Hintergedanke veranlasst heute Entscheidungsträger bei Unternehmensverkäufen dazu, sich bei der Verfahrenswahl für eine Auktion zu entscheiden. Die zwei gängigsten M&A-Auktionsarten sind:

- Private Auktion
- Öffentliche Auktion

3.1.4.3.1 Private Auktion

Die **private Auktion** ist ein sorgfältig überwachtes Bieterverfahren, das dem Veräußerer ein hohes Maß an Kontrolle über die Modalitäten der Transaktion (z.B. Zeitplan, Mindestpreis etc.) zukommen lässt.

Auf Verkäuferseite garantieren der gezielte Termindruck und Fokus die Aufrechterhaltung der Dynamik und Spannung im Auktions-

118 Rochat; Korp (2010), S. 270

prozess.[119] Zur Auktion wird ein ausgewählter Kreis an potenziellen Käufern eingeladen. Regelmäßig ist eine Investmentbank mit der Auktionsvorbereitung und -durchführung betraut. Das Ziel des erweiterten Bieterkreises ist der Aufbau eines stärkeren Wettbewerbsdrucks, um dadurch einen höheren Transaktionspreis als bei den beiden zuvor beschriebenen Transaktionsverfahren zu erzielen.

Der **Vorteil** dieses Verfahrens ist, neben der größeren Angebotstransparenz, die Möglichkeit aufgrund des Bieterwettbewerbs einen attraktiveren Verkaufspreis als bei einem Exklusiv- oder Parallelverfahren zu verwirklichen.

Ein erheblicher **Nachteil** der privaten Auktion ist, dass der Markt von der Verkaufsabsicht des Veräußerers erfährt. Zusätzlich ist das Potenzial für Informationsverluste bei diesem Ansatz weitaus höher als bei den beiden anderen.[120]

3.1.4.3.2 Öffentliche Auktion

Eine **öffentliche Auktion** ist eine öffentliche Ankündigung der Verkaufsabsicht und die Durchführung eines kontrollierten Bietungsprozesses.

Die öffentliche Auktion wird mit **einer öffentlichen Bekanntgabe über die Verkaufsabsicht** initiiert. Als Berater der Verkäuferseite positionieren sich i.d.R. die bekannten Investmentbanken. Die Auktion findet in einem starken Wettbewerbsumfeld unter einer Vielzahl von Bietern statt und ermöglicht dadurch einen hohen Verkaufspreis.

Da es hierfür jedoch keine Garantie gibt, sollte der Verkäufer diesen theoretischen Vorteil gegen die Nachteile dieses Transaktionsverfahrens abwägen. Die Nachteile der öffentlichen Auktion werden umso bedeutender, je komplizierter die Unternehmenssituation des Verkäufers ist. Insbesondere werden folgende Nachteile regelmäßig beobachtet:[121]

---

[119] Vgl. Rochat; Korp (2010), S. 274

[120] Vgl. Ernst; Häcker (2011), S. 25

[121] Vgl. Ernst; Häcker (2011), S. 26

- Die Geschäftsbeziehungen des Verkäufers könnten durch die öffentliche Bekanntgabe des Verkaufsprozesses Schaden erleiden.
- Infolge gescheiterter Verkaufsprozesse kann der Unternehmenswert ungünstig beeinflusst werden.

Darüber hinaus sollte sich der Verkäufer vor Augen halten, dass die Beendigung des Prozesses weniger kontrollierbar ist. Insbesondere wenn Shareholder nach einem gescheiterten Verkaufsprozess beunruhigt sind, resultiert daraus häufig eine Verkaufswelle der Aktien des Zielunternehmens. Folglich senkt sich der Aktienkurs und es wird die Tür für eine mögliche feindliche Übernahme geöffnet.

Abbildung 3-3 zeigt die Strategien zur Ansprache potenzieller Erwerber mit ihren jeweiligen Vor- und Nachteilen sowie deren Eignung für den M&A-Prozess von mittelständischen Unternehmen und Großunternehmen.

3.1.4.4 Unterschiede bei der Verfahrenswahl für mittelständische Unternehmen und Großunternehmen

Bei der Verfahrenswahl können generell sowohl mittelständische Unternehmen, als auch Großunternehmen aus dem vollen Spektrum der Verkaufsverfahren wählen.

Bei größeren Unternehmenstransaktionen kann eine **Auktion** durchaus sinnvoll sein, da auf diesem Weg einerseits ein möglichst hoher Verkaufserlös erzielt werden kann und andererseits aufgrund der Attraktivität vieler Großunternehmen regelmäßig ein großer Bieterkreis in die Auktion einsteigen will. Das Bieterverfahren erscheint hingegen bei kleineren Mittelständlern wenig zweckmäßig, da das gewünschte Maß an Vertraulichkeit nicht gewahrt werden kann.[122]

[122] Vgl. Preisser; Cavaillès (2011), S. 13

Exklusivverfahren	Parallelverfahren	Private, kontrollierte Auktion	Öffentliche Auktion
"Eins-zu-eins"-Verhandlungen mit einem potenziellen Erwerber	Verhandlungen mit mehreren potenziellen Erwerbern	Sorgfältig kontrollierte Ansprache mit dem Ziel, ein hohes Wettbewerbsumfeld unter den Bietern zu schaffen	Öffentliche Ankündigung der Verkaufsabsicht und Durchführung eines kontrollierten Bietungsprozesses
✓ Der Prozess mit einem Höchstmaß an Vertraulichkeit und Beherrschbarkeit ✓ Prozess ist leicht abbrechbar ✓ Gleicht einem exklusiven Verkaufsprozess ✓ Kann in einem begrenzten Zeitraum abgeschlossen werden ✓ Minimale Auswirkung auf die Beschäftigten	✓ Ermöglicht einen gewissen Wettbewerb zwischen Kaufinteressenten ✓ Vertraulichkeit kann noch gewährleistet werden ✓ Prozess kann problemlos abgebrochen werden ✓ Minimale Auswirkung auf die Beschäftigten	✓ Der Prozess ermöglicht es, hohe Kaufpreise zu erzielen ✓ Gilt als fairer Prozess ✓ Vertraulichkeit kann noch gewähr-leistet werden ✓ Verkäufer hat Kontrolle über den Verlauf des Verkaufsprozesses	✓ Ermöglicht maximalen Verkaufspreis ✓ Schafft das beste Wettbewerbsumfeld ✓ Höchste Transparenz und Fairness ✓ Geringste Unsicherheit für die Beschäftigten
↯ Risiko, dass maximaler Kaufpreis nicht erzielt werden kann ↯ Begrenzter Verhandlungsspielraum auf Grund fehlendem Wettbewerb ↯ Begrenzte Möglichkeit, verschiedene Angebote zu vergleichen ↯ Fehlende Möglichkeit, den Verhandlungspartner kurzfristig zu ersetzen	↯ Maximaler Kaufpreis kann in der Regel nicht erzielt werden ↯ Verkäufer akzeptiert in der Regel das erste, annehmbare Angebot	↯ Prozess kann nur unter Problemen abgebrochen werden ↯ Gefahr von Vertraulichkeitsverletzungen ↯ Verkäufer können Verkaufsprozess nicht ohne das Management des Unternehmens durchführen	↯ Schadenspotenzial durch öffentliche Bekanntgabe der Verkaufsabsicht ↯ Wenig Flexibilität den Verkaufsprozess zu variieren ↯ Prozess kann nur unter Inkaufnahme von Schaden abgebrochen werden ↯ Prozess ist nicht diskret (geringer Grad an Vertraulichkeit)
Für den Mittelstand geeignete Verfahren zur Ansprache von potenziellen Kaufinteressenten		**Für Großunternehmen geeignete Verfahren zur Ansprache von potenziellen Kaufinteressenten**	

Abbildung 3-3: Strategien zur Ansprache potenzieller Erwerber[123]

[123] Quelle: Eigene Darstellung

Im unteren und mittleren Mittelstandssegment wird eine Unternehmenstransaktion häufig im Rahmen eines **Parallelverfahrens** durchgeführt. Dieses Verfahren ermöglicht den Mittelständlern, die gewünschte Vertraulichkeit über das Verkaufsvorhaben zu wahren und gleichzeitig einen attraktiven Verkaufspreis zu erzielen.

3.1.4.5 Checkliste: Verfahrenswahl

Checkliste: Verfahrenswahl

- ☑ **Exklusivverfahren**
  - ☑ Käuferkreis: ein potenzieller Erwerber
  - ☑ Level an Vertraulichkeit: hoch
  - ☑ Käuferwettbewerb: nicht vorhanden
  - ☑ Vorteile: hoher Grad an Vertraulichkeit; „perfekter Fit"; schneller Abschluss realisierbar
  - ☑ Nachteile: kein Bieterwettbewerb; schwächere Verhandlungsposition des Verkäufers; geringerer Verkaufspreis
- ☑ **Parallelverfahren**
  - ☑ Käuferkreis: ausgewählte Anzahl
  - ☑ Level an Vertraulichkeit: mittel
  - ☑ Käuferwettbewerb: mittel
  - ☑ Vorteile: Auswahl der am besten geeigneten Bieter; Vertraulichkeit bleibt weitgehend gewahrt; Angebotsvergleich aus Verkäufersicht möglich
  - ☑ Nachteile: höhere Publizität interner Unternehmensdaten; geringerer Verkaufspreis als bei einer Auktion
- ☑ **Auktion**
  - ☑ Käuferkreis: breiteres Feld
  - ☑ Level an Vertraulichkeit: gering
  - ☑ Käuferwettbewerb: hoch

- ☑ Vorteile: breites Käuferuniversum; größtmögliche Preistransparenz
- ☑ Nachteile: Information über Verkaufsbereitschaft gelangt in den Markt; hohe Publizität interner Daten; Imageprobleme bei Abbruch bzw. Misserfolg der Transaktion

Bei den folgenden Ausführungen zum M&A-Verkaufsprozess wird das Parallelverfahren als gewähltes Transaktionsverfahren unterstellt.

3.1.5 Umfassende Datenbeschaffung und Unternehmensanalyse

Die beratende Investmentbank bzw. M&A-Boutique benötigt für die Erstellung wichtiger Verkaufsdokumente, wie z.B. des Informationsmemorandums, bestimmte Daten vom Veräußerer. Nach Empfang sichtet der M&A-Berater die Datenpakete, strukturiert die Dokumente sowie relevante Informationen und führt eine umfassende Unternehmensanalyse durch. Diese Schritte tragen dazu bei, dass das Verkaufsvorhaben forciert vorangetrieben werden kann.

3.1.5.1 Einholung umfassender Daten

Je nach Größe und Rechtsform des zum Verkauf stehenden Unternehmens konnte die Investmentbank bzw. M&A-Boutique im Rahmen des Beauty Contests bereits ein gewisses Volumen an relevanten Unternehmensinformationen sammeln, auswerten und in das Pitch Book einbringen. Weitere nicht öffentlich zugängliche Unternehmensdaten sollten an dieser Stelle angefordert werden. Wurde das Verkaufsmandat hingegen direkt an den M&A-Berater vergeben, so besteht an dieser Stelle Nachholbedarf und der Verkäufer sollte um die Weiterleitung umfassender relevanter Daten gebeten werden. Im Allgemeinen sollte die Investmentbank bzw. M&A-Boutique zur Erstellung eines aussagefähigen Verkaufsexposés und zur Transaktionsstrukturierung über folgende Informationen zum Unternehmen des Verkäufers verfügen:

- Die letzten 3–5 Jahresabschlüsse
- Plandaten für die kommenden Geschäftsjahre (z.B. Bilanz, Gewinn- und Verlustrechnung sowie Kapitalflussrechnung)
- Organisationsstruktur (Organigramm)
- Einzelne Geschäftsbereiche (z.B. Umsatzanteil, Knowhow, Wertschöpfung, Kostenstruktur etc.)
- Aktionärs- bzw. Eigentümerstruktur
- Geschäftsleitung (z.B. Lebensläufe, Fotografien etc.)
- Mitarbeiterstruktur
- Kunden- und Lieferantenstruktur
- Planung strategischer Unternehmensziele, Produkteinführungen, geographischer Expansion etc.
- Marketing- und Werbeinformationen (z.B. Firmenprospekte, Produktkataloge, Presseunterlagen, verwendbare Fotografien etc.)
- Fertigungs- und Produktionsinformationen (z.B. Standorte, technische Anlagen, verwendete Produktionsprozesse etc.)
- Interne Marktstudien (z.B. Marktvolumen, Marktentwicklung, Marktanteile, Wettbewerbsintensität etc.)
- Informationen über Leasing- und Factoring-Aktivität

Neben den elektronisch übermittelten Datenpaketen kann die Vereinbarung von Interviews mit der Führungsebene bzw. den Eigentümern des Verkäuferunternehmens ein weiteres Instrument der Datenbeschaffung darstellen. Zusätzliche Informationen, die auf diesem Weg gewonnen werden können, sind unter anderem: [124]

[124] Vgl. Marks et al. (2012), S. 93 f.

- Aktuelle Entwicklungen und Trends im Markt
- Evaluierung der Stärken und Schwächen auf Seiten der Geschäftsführung
- Motivation und Know-how der Mitarbeiter
- Bestehende oder drohende Rechtsstreitigkeiten
- Unstimmigkeiten unter den Eigentümern bzw. Managern
- Frühere fehlgeschlagene Versuche, das Unternehmen zu verkaufen

3.1.5.2 Unternehmensanalyse

Analog zur Datenbeschaffung kann eine umfassende Unternehmensanalyse (SWOT-, Gap-, Marktanalyse etc.) bereits im Rahmen des Beauty Contests durchgeführt worden sein. Dank der Mandatierung ist die Investmentbank bzw. M&A-Boutique aufgrund des höheren Vertraulichkeitslevels in der Lage, nicht öffentliche Informationen in die Unternehmensanalyse mit einfließen zu lassen. Bevor das Verkaufsexposé erstellt wird, erscheint eine detaillierte Untersuchung des Zielunternehmens anhand der folgenden Fragestellungen sinnvoll:

- Wo liegen die Kernkompetenzen und Schwächen des Unternehmens?
- Wie sieht die Wertschöpfungskette aus?
- Welche ungenutzten Potenziale stecken in dem Zielunternehmen?
- Welche Chancen und Risiken bestehen im Markt?
- Ist die aktuelle Kapitalstruktur sinnvoll?
- Wie ist die Kostenstruktur (z.B. Fixkosten und variable Kosten) aufgebaut?

- Ist die Unternehmensplanung (z.B. angestrebtes Umsatzwachstum, geplante Kostenreduktion etc.) realistisch?
- Welche Alleinstellungsmerkmale („Unique Selling Propositions“, USPs) weist das Unternehmen gegenüber seinen Wettbewerbern auf?
- Welche (Haftungs-)Risiken bestehen, die ein potenzieller Käufer im Rahmen der Kaufvertragsverhandlungen zur Kaufpreissenkung nutzen könnte?
- Besteht ein Clusterrisiko im Hinblick auf die Kunden oder Lieferanten (z.B. wenige Kunden, die einen hohen Umsatzanteil ausmachen)?
- Sind die Jahresabschlussdaten um Sondereffekte (z.B. außerordentliche Aufwendungen) zu bereinigen?

3.1.5.3 Unterschiede bei der Datenbeschaffung und Unternehmensanalyse für mittelständische Unternehmen und Großunternehmen

Großunternehmen verfügen regelmäßig über **größere Mitarbeiterressourcen** und **eigene M&A-Abteilungen**. Beide Faktoren tragen dazu bei, dass der nötige Informationsfluss zwischen Investmentbank und dem Verkäufer optimal verläuft. Nicht zuletzt können M&A-Berater aufgrund der höheren Publizitätsvorschriften für zahlreiche Großunternehmen bereits frühzeitig öffentlich zugängliche relevante Unternehmensinformationen (z.B. Quartalsberichte, Konzernabschlüsse, Analysten-Reports etc.) über den Verkäufer sammeln und strukturieren. Dadurch kann bereits frühzeitig eine fundierte Unternehmensanalyse durchgeführt und die Datenbeschaffung während des Verkaufsprozesses erleichtert werden.

Im Mittelstand stellt sich häufig ein anderes Bild dar. Kleinere mittelständische Unternehmen verfügen meist über **geringere Mitarbeiterressourcen** und **keine eigene M&A-Abteilung**. Bei ihnen arbeiten abgesehen von den Geschäftsführern nur wenige weitere Mitarbeiter am Verkaufsprojekt mit. Richtet sich ein M&A-Berater mit der Bitte der Übermittlung einer gewaltigen Datenmenge an ein solches verkaufswilliges Unternehmen, so kann dieses davon überwältigt werden. Die Mitarbeiter und geschäftsführenden Gesellschafter einer mittelständischen Zielgesellschaft müssen, neben ihrer Mitwirkung am M&A-Projekt, ihrem operativen Tagesgeschäft nachkommen. So kann der Informationsfluss vom Zielunternehmen zum M&A-Berater aufgrund eines häufig anzutreffenden Ressourcenengpasses wesentlich erschwert werden. Diesem Problem kann mit Checklisten, die dem Verkäufer genau aufzeigen, welche notwendigen Informationen bis zu welchem Milestone im Verkaufsprozess geliefert werden müssen, entgegengewirkt werden. Weiterhin stellt die mit der Rechtsformwahl vieler Mittelständler verbundene geringere Publizitätspflicht die M&A-Berater im Rahmen der notwendigen Unternehmensanalyse für einen Beauty Contest vor gewisse Probleme. Die öffentlich zugänglichen Unternehmensinformationen sind oft stark eingeschränkt, was den Investmentbanken bzw. M&A-Boutiquen in puncto Unternehmensbeleuchtung (SWOT- und Gap-Analyse) ein gewisses Maß an generalistischen Aussagen hinsichtlich der Pitch-Präsentation abverlangt. Zusätzlich lässt sich häufig im unteren Mittelstandssegment ein geringes Maß an Planung feststellen. So sind Planbilanzen, Finanz- und Budgetpläne sowie eine Kapitalflussrechnung für das kommende Jahr häufig nicht vorhanden.[125] Insgesamt wird somit eine umfassende Unternehmensanalyse bereits im Beauty Contest erschwert und der Informationsbedarf des M&A-Beraters im Vorfeld der Erstellung der Verkaufsdokumente erhöht.

125 Vgl. Exler (2006), S. 20

3.1.5.4 Checklisten: Datenbeschaffung, Unternehmensanalyse

Checkliste: Datenbeschaffung

- ☑ Checklisten erleichtern dem Verkäufer die Bewältigung der Datenübermittlung.
- ☑ Der M&A-Berater sollte vom Zielunternehmen nicht alle Informationen auf einmal anfordern, sondern dann wenn er sie benötigt (jedoch mit bestimmter Vorlaufzeit).
- ☑ Neben der elektronischen Datenübermittlung können auch Interviews zur sinnvollen Informationsgewinnung genutzt werden.
- ☑ Typische Informationsanfragen beinhalten:
  - ☑ Die letzten 3–5 Jahresabschlüsse
  - ☑ Plandaten für die kommenden Geschäftsjahre
  - ☑ Organisations-, Eigentümer-, Mitarbeiter-, Kunden- und Lieferantenstruktur
  - ☑ Marketing- und Werbeinformationen
  - ☑ Interne Marktstudien

Checkliste: Unternehmensanalyse

- ☑ Wo liegen die Kernkompetenzen und Schwächen des Unternehmens?
- ☑ Wie sieht die Wertschöpfungskette aus?
- ☑ Welche ungenutzten Potenziale stecken in dem Zielunternehmen?
- ☑ Welche Chancen und Risiken bestehen im Markt?
- ☑ Ist die aktuelle Kapitalstruktur sinnvoll?
- ☑ Wie ist die Kostenstruktur aufgebaut?
- ☑ Ist die Unternehmensplanung realistisch?

- ☑ Welche Alleinstellungsmerkmale weist das Unternehmen auf?
- ☑ Welche (Haftungs-)Risiken bestehen?
- ☑ Besteht ein Clusterrisiko im Hinblick auf die Kunden oder Lieferanten?
- ☑ Sind die Jahresabschlussdaten um neutrale Aufwandspositionen zu bereinigen?

3.1.6 Käuferuniversum und Identifikation geeigneter Käufer

Wer einen Unternehmensverkauf in Betracht zieht, sollte ein klares Verständnis über die verschiedenen Käufertypen haben. Nicht jeder Käufer eignet sich für eine bestimmte Verkaufstransaktion im gleichen Maße. Vielmehr verfolgen die unterschiedlichen Käufergruppen divergierende Ziele und sind mit bestimmten Besonderheiten ausgestattet.

Die Kenntnis über die einzelnen Käufertypen ist ein essenzieller Grundschritt eines Verkaufsvorhabens. Der nächste und weitaus wichtigere Schritt ist die Identifikation der am besten geeigneten Käufer in den jeweiligen Gruppen für das spezifische Verkaufsprojekt. Mögliche Erwerber, die auf diese Weise identifiziert wurden, werden auf einer sogenannten Long List festgehalten. In Abhängigkeit von den Unternehmensbesonderheiten und den Vorlieben der Entscheidungsträger, lässt sich für (so gut wie) jeden Unternehmensverkauf eine abweichende Long List generieren.

Nachfolgend werden sowohl das Käuferuniversum, als auch das Vorgehen zur Käuferidentifikation im Rahmen eines Unternehmensverkaufs detailliert betrachtet.

3.1.6.1 Käuferuniversum

Als potenzielle Käufer kommen drei Investoren- bzw. Käufertypen in Betracht:

- Ein Management-Team innerhalb (MBO) oder außerhalb (MBI) des Zielunternehmens

- Finanzinvestoren
- Strategische Investoren

3.1.6.1.1 Management-Team

Je nachdem, ob es sich bei dem Käufer um ein Management-Team bzw. einen einzelnen Manager von innerhalb oder außerhalb des Zielunternehmens handelt, spricht man von einem **Management Buy-Out** oder **Management Buy-In**.

3.1.6.1.1.1 Management Buy-Out

Tritt als potenzieller Käufer das bisherige (anteilslose oder minderheitsbeteiligte) Management bzw. ein Mitgeschäftsführer der Zielgesellschaft in Erscheinung, wird dies als **Management Buy-Out** bezeichnet.

Im Falle einer ungeregelten Unternehmensnachfolge spielen, vor allem in eigentümergeführten kleineren und mittelständischen Unternehmen, MBO-Transaktionen eine wichtige Rolle. So kann der Alteigentümer oder Gründer sein Lebenswerk in vertraute Hände geben. Zudem stehen Banken MBO-Transaktionen i.d.R. sehr offen gegenüber. Ein wesentlicher Grund dafür ist die tiefe Vertrautheit des bestehenden Managements mit dem Zielunternehmen und die oftmals damit verbundene reibungslose Unternehmensfortführung.

Auf der Grundlage der häufig begrenzten Eigenkapitalausstattung des bestehenden und kaufwilligen Management-Teams, müssen zur erfolgreichen Akquisitionsfinanzierung Partner in das „MBO-Boot“ geholt werden. Diese Partner sind **Finanzinvestoren**, die als alternative Finanzierungsquelle fungieren und im Gegenzug neben dem kaufbereiten Management-Team ebenfalls neue Eigentümer der Zielgesellschaft werden.

Im Rahmen einer MBO-Transaktion werden aufgrund der schlechteren Kapitaldienstfähigkeit des akquirierenden Managements und der „unveränderten“ Unternehmensfortführung (ohne Ausnutzung von Synergiepotenzialen) häufig **geringere Kaufpreise** gezahlt.[126]

---

[126] Vgl. Ernst; Häcker (2011), S. 28

Der Alteigentümer muss also für die Gewissheit, sein Unternehmen in gute Hände übergeben zu haben, einen geringeren Verkaufserlös hinnehmen.

In einzelnen MBO-Fällen, in denen durch Banken keine Fremdfinanzierung angeboten wird, kann die Finanzierung durch ein Verkäuferdarlehen oder ergebnisabhängig durch ein Earn-Out-Modell dargestellt werden (vgl. auch die Ausführungen zu Earn-Out-Finanzierungen auf S. 199 f.). Ein Earn-Out-Modell findet vor allem dann Anwendung, wenn der Verkäufer zum Zeitpunkt des Verkaufs eine wesentliche Rolle für den Erfolg des Unternehmens spielt. Er soll noch eine gewisse Zeit im Unternehmen verbleiben, um als (Mit-)Verantwortlicher in der Übergangsphase aktiv mitzuwirken und das bewertungsrelevante operative Ergebnis zu sichern. Dabei sollten die vorhandenen Unternehmensstrukturen des Targets zwecks Vergleichbarkeit mit den Ergebnissen der vorangegangenen Geschäftsjahre zunächst im Wesentlichen unverändert fortbestehen.

Abschließend bringt ein Management Buy-Out für das Management-Team einige Vorteile und Nachteile. Als **Vorteile** lassen sich die künftige finanzielle Unabhängigkeit und das geringere Risiko, als bei einer Unternehmensneugründung, nennen. Ein klarer **Nachteil** präsentiert sich in Form der relativ hohen Verschuldung des Management-Teams, die einen denkbar hohen Druck erzeugt. So müssen in kürzester Zeit im Unternehmen abnormal hohe Cash Flows zur Rückführung der Akquisitionsfinanzierung generiert werden, wodurch das Volumen für unternehmerische Neuinvestitionen stark eingeschränkt wird.[127]

3.1.6.1.1.2 Management Buy-In

Von einem **Management Buy-In** spricht man, wenn das Unternehmen an ein externes Management-Team verkauft wird.

Der Auslöser einer solchen Transaktion ist meist die Wahrnehmung eines Finanzinvestors, dass die aktuelle Führungsebene des Zielunternehmens nicht optimal zur Unternehmensentwicklung

[127] Vgl. Ernst; Häcker (2011), S. 28

beiträgt und somit ein großes Potenzial im Unternehmen schlummert. Der Finanzinvestor erwirbt gemeinsam mit einem unternehmensfremden Management-Team die Zielgesellschaft und möchte beispielswiese durch eine Änderung der Unternehmensstrategie das Unternehmen wettbewerbsfähiger positionieren und damit den Unternehmenswert steigern.

Die gezahlten Kaufpreise im Rahmen einer MBI-Transaktion fallen ähnlich wie bei einer MBO-Transaktion eher gering aus.[128]

In der Vergangenheit sind zahlreiche MBIs unterschiedlicher Größe **gescheitert**. Wesentliche Gründe dafür waren die Inkompatibilität des neuen Managements mit der Zielgesellschaft, das Fehlen einer zweiten Führungsebene im Zielunternehmen, die mangelnde Branchenkenntnis des neuen Managements oder eine zu ehrgeizige Akquisitionsfinanzierung, die keinen Spielraum für Fehler oder Schwächephasen hinsichtlich der Unternehmensentwicklung ließen.[129]

3.1.6.1.1.3 Typische Kriterien für MBOs und MBIs

Für den erfolgreichen Abschluss eines MBO- bzw. MBI-Projektes, müssen sowohl das Unternehmen als auch das Management folgende Kriterien erfüllen:

Anforderungen an das Zielunternehmen	**Anforderungen an das Management-Team**
▪ geringer Investitionsbedarf ▪ unterbewertete Assets ▪ ausreichende Verschuldungskapazität ▪ Unabhängigkeit von aktueller Führungsebene	▪ hohe Branchenkenntnis und -erfahrung ▪ profunde Managementerfahrung ▪ gewisses Maß an Risikobereitschaft

128 Vgl. Ernst; Häcker (2011), S. 28

129 Vgl. Ernst; Häcker (2011), S. 28

▪ etablierte Marktstellung ▪ hohe Markteintrittsbarrieren ▪ geringer Forschungs- und Entwicklungsbedarf ▪ stabile Erträge und Cash Flows	▪ adäquate finanzielle Ressourcen ▪ gute Kontakte zu Finanzinvestoren ▪ gut durchdachter Akquisitionsplan

Tabelle 3-4: Typische Kriterien für MBOs und MBIs [130]

Bei großen Buy-Out-Transaktionen ist oft eine Mischung aus MBO und MBI zu beobachten. Dies bedeutet, dass das bestehende Management von einem externen Management unterstützt wird.

Exkurs: Eine weitere Form des Buy-Outs ist der sogenannte „Leveraged Buy-Out" (LBO). Ein LBO liegt vor, wenn die Finanzierung des Buy-Outs mit einem hohen Fremdkapitalanteil erfolgt. Der Begriff Leveraged Buy-Out wird vorwiegend für Unternehmenskäufe (oder Teilkäufe) verwendet, die einen Fremdfinanzierungsanteil von 50 % überschreiten. Die Idee des LBO besteht grundsätzlich darin, die Hebelwirkung der Fremdfinanzierung auszunutzen. Der Hebeleffekt ermöglicht zum Beispiel, die Akquisitionsfinanzierung von Großtransaktionen mit relativ geringem Eigenkapitaleinsatz durchzuführen.[131] Zugleich ist ein überproportionaler Anstieg der Eigenkapitalrendite im Zielunternehmen zu erwarten, solange die Gesamtkapitalrendite über den Fremdkapitalzinsen liegt („Leverage-Effekt"). Käufertypen, die regelmäßig LBO-Transaktionen eingehen, sind Finanzinvestoren.

130 Quelle: Eigene Darstellung in Anlehnung an: Ernst; Häcker (2011), S. 28

131 Vgl. Janeba-Hirtl (2005), S. 20

3.1.6.1.2 Finanzinvestoren

Finanzinvestoren sind Investoren, die mit ihrer Investition rein finanzielle Absichten verfolgen.

Zu ihnen zählen beispielsweise **Private-Equity-Häuser** (z.B. Advent International oder EQT Partners) oder **Hedgefonds** (z.B. J.P. Morgan Asset Management oder Bridgewater Associates). Die Anlageperspektive der Finanzinvestoren unterscheidet sich wesentlich von der eines Management-Teams bzw. strategischen Investors. Einen besonderen Fokus legen Finanzinvestoren auf die **Renditeerwartung** und den **Zeitraum**, in dem ein bestimmter Gewinn realisiert werden soll. In der Regel halten Finanzinvestoren ihre Beteiligung an einem Unternehmen für einen zeitlich limitierten Zeitraum von vier bis acht Jahren und können im Gegensatz zu strategischen Investoren keine Synergieeffekte mit dem Kauf realisieren. Sie können jedoch im Haltezeitraum eine sogenannte **„Buy-and-Build-Strategie“** zur Unternehmenswertsteigerung des erworbenen Unternehmens (Portfoliounternehmen) implementieren. Darunter versteht man den Zukauf weiterer kompatibler und möglichst synergetischer Unternehmen, die anschließend in das Portfoliounternehmen integriert werden. Nach einer gewissen Haltedauer soll die Unternehmensbeteiligung dann möglichst gewinnbringend an einen Dritten veräußert und somit bestimmte Renditeziele erfüllt werden. Das Ende der Haltedauer bzw. der Zeitpunkt der Veräußerung des Portfoliounternehmens wird als „Exit“ bezeichnet.

Der Finanzinvestor hat die Wahl zwischen einer offenen und einer stillen Beteiligung. Im Rahmen einer **stillen Beteiligung** wird der Finanzinvestor zum stillen Teilhaber des Zielunternehmens und erhält entsprechend der geleisteten Einlage eine regelmäßige Dividende. Bei der **offenen Beteiligung** erwirbt der Finanzinvestor die Geschäftsanteile der Zielgesellschaft und versucht nach einer bestimmten Haltedauer, durch den Verkauf des Unternehmens oder einen Börsengang, eine bestimmte Rendite des eingesetzten Kapitals zu generieren. Ebenso ist eine Kombination beider grundlegender Optionen möglich.

Die stille Beteiligung ermöglicht dem Unternehmen, seine Unabhängigkeit und Handlungsfreiheit hinsichtlich unternehmerischer

Entscheidungen zu wahren. Die, dank der Einlage durch den Finanzinvestor, verbesserte Eigenkapitalquote ermöglicht der Zielgesellschaft zudem, weiteres Wachstum zu realisieren. Bei vielen Finanzinvestoren besteht jedoch eine gewisse Zurückhaltung gegenüber stillen Beteiligungen. Häufig werden offene Beteiligungen favorisiert, da bei positivem Verlauf zum Exit-Zeitpunkt ein deutlich **höheres Renditepotenzial** realisierbar ist.[132]

Vorteile einer stillen Beteiligung	Nachteile einer stillen Beteiligung
▪ Unternehmen behält seine Unabhängigkeit und Handlungsfreiheit ▪ höhere Eigenkapitalquote zur Finanzierung von Wachstum und Investitionen ▪ üblicherweise keine Sicherheiten erforderlich	▪ hoher Return on Investment (ROI) erforderlich ▪ offene Beteiligungen bieten zum Exit-Zeitpunkt ein höheres Renditepotenzial

Tabelle 3-5: Vorteile und Nachteile einer stillen Beteiligung aus Sicht des Zielunternehmens[133]

Im Rahmen einer offenen Beteiligung sind Finanzinvestoren größeren potenziellen Verlusten ausgesetzt. Diese können z.B. aufgrund mangelnder Beteiligung an der Unternehmenssteuerung auftreten. Es ist daher ratsam, dass sich Finanzinvestoren an wichtigen geschäftlichen Entscheidungen beteiligen oder diese eigenständig treffen. Zudem muss das Zielunternehmen attraktive Exit-Möglichkeiten bieten, um den hohen Renditeerwartungen der Investoren gerecht zu werden.[134]

132 Vgl. Ernst; Häcker (2011), S. 29

133 Quelle: Eigene Darstellung in Anlehnung an: Ernst; Häcker (2011), S. 29

134 Vgl. Ernst; Häcker (2011), S. 30

Vorteile einer offenen Beteiligung	**Nachteile einer offenen Beteiligung**
▪ Unternehmen behält seine Unabhängigkeit und Handlungsfreiheit ▪ höhere Eigenkapitalquote zur Finanzierung von Wachstum und Investitionen ▪ keine bzw. nur geringe Zwischenzinsen oder Dividenden	▪ Akquisitionspreis hängt vom Unternehmenswert ab (Unternehmensbewertung ist erforderlich) ▪ niedrigerer Wert und Preis für Minderheitsbeteiligungen (keine strategische Prämie) ▪ Finanzinvestoren erhalten einen höheren Aktienwert zum Exit-Zeitpunkt ▪ Mitbestimmungsmöglichkeit des Finanzinvestors bei wichtigen geschäftlichen Entscheidungen

Tabelle 3-6: Vorteile und Nachteile einer offenen Beteiligung aus Sicht des Zielunternehmens [135]

3.1.6.1.3 Strategische Investoren

Strategische Investoren (Strategen) stellen den dritten Käufertypus dar. Sie sind an der Expansion (z.B. Ausdehnung des Vertriebsnetzes, Erhöhung der Marktanteile, Wettbewerbereliminierung etc.) und sinnvollen Diversifizierung ihrer Geschäftstätigkeit interessiert.

Strategische Investoren legen ihren Fokus nicht auf die Erzielung rein kurzfristiger finanzieller Gewinne, sondern vielmehr auf die Realisierung potenzieller Synergien und einen langfristigen Anlagehorizont. Aus diesem Grund sind strategische Investoren i.d.R. bereit, einen höheren Kaufpreis zu bezahlen als die anderen beiden Käufertypen.

---

[135] Quelle: Eigene Darstellung in Anlehnung an: Ernst; Häcker (2011), S. 30

Das Musterbeispiel eines strategischen Investors ist ein **direkter Wettbewerber** des Zielunternehmens, der eine höhere Unternehmensgröße aufweist und über ausreichend überschüssige Liquidität zur Akquisitionsfinanzierung verfügt. Sein Kaufinteresse kann z.B. durch die Wettbewerberbeseitigung, Erhöhung der eigenen Marktmacht oder die Realisierung von Kostensynergien motiviert sein. Da ein direkter Wettbewerber über umfangreiches Branchen-Know-how verfügt, kann er oftmals die im Transaktionsverlauf folgende Due Diligence deutlich effektiver und effizienter durchführen als die anderen Investorentypen. Beim Verkauf des eigenen Unternehmens an einen Wettbewerber muss auf Seiten des Veräußerers mit hoher Sorgfalt im Hinblick auf die Informationsweiterleitung vorgegangen werden. Ein Wettbewerber könnte sich als potenzieller Käufer in den Verkaufsprozess „einschleichen", um das Zielunternehmen auszuhorchen und die Informationen für sich zielführend verwenden. Beides kann in einer erheblichen Schädigung der Zielgesellschaft münden. Es muss also mit einer gewissen Geheimhaltung und hoher Diskretion vorgegangen werden.

Vorteile des Verkaufs an einen Strategen	**Nachteile des Verkaufs an einen Strategen**
▪ versierte Unternehmensnachfolge durch Branchenexperten ▪ solides Fundament für künftige Geschäftsentwicklung ▪ höherer Verkaufserlös möglich	▪ langwierige und komplizierte Verhandlungen ▪ Gefahr der Ausspionage durch Wettbewerber

Tabelle 3-7: Vorteile und Nachteile des Unternehmensverkaufs an einen strategischen Investor[136]

136 Quelle: Eigene Darstellung in Anlehnung an: Ernst; Häcker (2011), S. 31

3.1.6.2 Identifikation geeigneter Käufer

Mit der Auswahl der geeignetsten Erwerber steht oder fällt ein Verkaufsvorhaben. Besteht die Liste potenzieller Käufer aus der „falschen Zielgruppe“ oder wurden wichtige geeignete Käufer übersehen, so wird mit hoher Sicherheit ein geringerer Verkaufspreis realisiert werden und im „Worst-Case-Szenario“ sogar der gesamte Unternehmensverkauf in einer späteren M&A-Prozessphase scheitern.[137]

3.1.6.2.1 Von der „Long List“ zur „Short List“

Die Identifikation geeigneter Käufer geschieht entweder im Vorfeld des Beauty Contests oder bei einer direkten Mandatierung an dieser Stelle im Verkaufsprozess. Die Investmentbanken bzw. M&A-Boutiquen schlagen dem Verkäufer potenzielle Käufer vor, die in einer sogenannten Long List aufgeführt sind.

Eine **Long List** ist eine Grobauswahl möglichst vieler geeigneter Käufer.

In Abhängigkeit von den Unternehmensspezifika und Präferenzen der Entscheidungsträger lässt sich für (beinahe) jeden Unternehmensverkauf eine abweichende Long List generieren.

Bevor die Erstellung der Long List durchgeführt werden kann, muss eines beachtet werden: „Know the target market before developing the marketing book.“[138] Nachdem der M&A-Berater für die Geschäftstätigkeit, Unternehmensstrategie und Branche des Verkäufers ein fundiertes Verständnis entwickelt hat, gilt es im anschließenden **Screening**[139] unter anderem diese Fragen zu klären:[140]

[137] Vgl. Sattler; Seng (2010), S. 65

[138] Marks et al. (2012), S. 94

[139] Unter Screening versteht man eine systematische Suche und Auswahl geeigneter Käufer in Abhängigkeit von den unternehmensspezifischen Anforderungen.

[140] Vgl. Marks et al. (2012), S. 99 f.

- Wer sind die wahrscheinlichsten Käufer für das Zielunternehmen?
- Gibt es verwandte Industrien bzw. Branchen, deren Unternehmen einen klaren strategischen Fit zum Verkäufer aufweisen?
- Gibt es Unternehmen, die bereits als aktive Käufer in der Branche des Zielunternehmens in Erscheinung getreten sind?
- Welche Finanzinvestoren haben in der Vergangenheit (letzte fünf bis zehn Jahre) Beteiligungen in der Zielbranche erworben bzw. ein deutliches Kaufinteresse geäußert?
- Wurden dem Verkäufer in der Vergangenheit bereits unaufgeforderte Kaufangebote unterbreitet?

Typische **Informationsquellen** im Rahmen eines Käuferscreenings zur Erstellung einer Long List sind:

- Webseiten von Branchenverbänden und Messen
- Spezialisierte Datenbanken (z.B. S&P Capital IQ, Thomson Reuters, Bloomberg, Mergermarket, M&A DATABASE etc.)
- Analysten-Reports und Marktstudien
- Kenntnis der Führungsebene des Zielunternehmens über potenzielle Käufer

Häufig anzutreffende **Filterkriterien** für potenzielle Käuferunternehmen, die es auf die Long List schaffen, sind:[141]

[141] Vgl. Wirtz (2012), S. 192

- Klarer Bezug zum Tätigkeitsfeld des Zielunternehmens (strategischer Fit)
- Finanzdaten (z.B. Umsatz, EBITDA, Wachstumspotenzial, Verschuldungsgrad etc.)
- Ausreichend Finanzkraft vorhanden, um Akquisitionsfinanzierung zu bewältigen?
- Eigentümerstruktur und Grad der Kontrolle
- Marktstellung des potenziellen Käufers
- Mitarbeiterzahl und -profil
- Produkt- und Kundenportfolio
- Produktionsstandorte und Vertriebsnetz
- Potenzielle Synergieeffekte

Bezüglich der Erstellung einer qualifizierten Long List ist die Suche potenzieller Erwerber möglichst ideenreich und offen zu gestalten. Es muss neben Unternehmen, die eine ähnliche Geschäftstätigkeit wie das Zielunternehmen aufweisen, auch „Outside-the-Box" nach Käuferunternehmen gesucht werden, die über eine **identische Wertschöpfungskette** verfügen und damit **Synergiepotenzial** in einer Übernahme des zum Verkauf stehenden Unternehmens sehen könnten.

Eine Long List wird i.d.R. in Microsoft Excel zusammengestellt und hält folgende Informationen bereit:

[1] Priorisierung der Käufer (Ranking)
[2] Name des Käuferunternehmens (inkl. Rechtsform)
[3] Homepage
[4] Finanzdaten (z.B. Umsatz, EBITDA, Verschuldungsgrad)
[5] Mitarbeiteranzahl
[6] Land (wo ist der Firmensitz?)

[7] Prägnante Beschreibung des Käuferunternehmens

[8] Gesellschafter bzw. Aktionärsstruktur

[9] Relevante Ansprechpartner, z.B. geschäftsführender Gesellschafter, CEO, CFO oder Head of M&A (inkl. vollständigem Namen und Position)

[10] Kontaktdaten (E-Mail und direkte Durchwahl des Ansprechpartners)

Nachdem eine qualifizierte Long List erstellt wurde, gilt es, eine Rücksprache mit dem Verkäufer zu halten. Im Rahmen dieses Austauschs soll die Long List, durch die Eliminierung von potenziellen Käufern, die aufgrund gewisser Anforderungs- bzw. Ausschlusskriterien nicht in die engere Käuferauswahl gelangen sollen, auf eine sogenannte „Short List" reduziert werden.

Eine **Short List** ist eine Auflistung einer ausgewählten Anzahl der am besten geeigneten Käufer, die in der nächsten M&A-Phase angesprochen werden sollen. Unternehmen, die sich auf der Short List befinden, sollen im Zuge der späteren Marktansprache von der Verkaufsabsicht des Zielunternehmens erfahren und als potenzielle Käufer kontaktiert werden.

Folgende, häufig anzutreffende Filterkriterien sind bei der Erstellung einer Short List zu beachten: [142]

- Höchst- und Mindestumsätze
- geografische Lage
- Geschäftserfahrung
- Marktanteil
- Reputation
- Unternehmenskultur

---

[142] Vgl. Ernst; Häcker (2011), S. 30

- Wünsche der Zielgesellschaft (z.B. Ausschluss bestimmter direkter Wettbewerber)
- besondere Stärken, wie Forschung & Entwicklung, Verkauf oder Produktion
- börsennotiert oder privat geführt

In der Regel legt der Verkäufer meist frühzeitig seinen Käuferfokus fest und konzentriert sich entweder auf Finanz- oder auf strategische Investoren. Um jedoch den Wettbewerb aufrechtzuerhalten, werden hinsichtlich der Marktansprache zusätzlich ein oder zwei Käufer der anderen Investorengruppe kontaktiert. Sollten alle potenziellen Käufer die Verkaufsverhandlungen in einer fortgeschrittenen Phase des Verkaufsprozesses beenden, wird die Short List erweitert und es werden zuvor ausgeschiedene potenzielle Käuferunternehmen aus der Long List kontaktiert.

3.1.6.2.2 Unterschiede bei der Identifikation geeigneter Käufer für mittelständische Unternehmen und Großunternehmen

Im Kern gelten sowohl für den Verkauf eines mittelständischen Unternehmens als auch eines Großunternehmens die oben aufgeführten Filterkriterien zur Erstellung einer Long List und anschließender Short List. Je nach unternehmensspezifischen Anforderungen und Komplexität des Verkaufsunternehmens kann es zu einer Änderung der Filterkriterien kommen. Dieser Fall trifft jedoch auf Mittelständler und Großunternehmen gleichermaßen zu.

Ein Unterschied zwischen einem Mid-Cap- und einem Large-Cap-Unternehmensverkauf lässt sich am **Umfang der Long List** festmachen. Für kleinere Unternehmen aus einem polypolistischen Marktumfeld[143] kann die Liste potenzieller Kaufinteressenten hunderte Namen umfassen. Dadurch erhöht sich der Analyseaufwand auf Seiten des M&A-Beraters immens und die Identifikation optimaler Kaufkandidaten wird durch die Datenmasse erschwert. Für

143 Ein Polypol ist durch viele Anbieter und Nachfrager gekennzeichnet.

Großunternehmen lässt sich ein anderes Bild ableiten. Aufgrund ihrer Größe und der allgegenwärtigen Branchenkonsolidierung, bewegen sich die bedeutenden Großunternehmen nicht selten in einem oligopolistischen Marktumfeld[144]. Dieser Umstand kann dazu beitragen, dass sich die Long List aus nur wenigen Namen zusammensetzt. Im Umkehrschluss wird automatisch die Wettbewerbsintensität abnehmen und bei geringem Kaufinteresse der ausgewählten Käufer der Unternehmensverkauf deutlich schwieriger.[145] Umgekehrt können sich aber auch Kleinunternehmen in einer Marktnische und Großunternehmen in einem breiten Wettbewerbsfeld bewegen. Die genaue Konstellation ist stark branchenabhängig.

Weiterhin kommen Käufer für Zielunternehmen aus dem unteren Mittelstandssegment selbst häufig aus dem klassischen eigentümergeführten Mittelstand. Im Gegensatz zu börsennotierten Unternehmen sind die Informationsquellen zur Evaluierung dieser Käufer (z.B. Geschäftsberichte, Pressemitteilungen, Analysten-Reports etc.) aufgrund der Rechtsform sowie Unternehmensgröße oftmals stark eingeschränkt oder kaum verfügbar.[146] Als Resultat wird die Erstellung einer qualifizierten Long List und spätere Reduzierung zur Short List dem M&A-Berater erheblich erschwert.

---

[144] Ein Oligopol ist durch wenige Anbieter und viele Nachfrager gekennzeichnet.

[145] Vgl. Iannotta (2012), S. 122

[146] Vgl. Wirtz (2012), S. 192

3.1.6.3 Checklisten: Filterkriterien für eine Long List und für eine Short List

Checkliste: Filterkriterien für eine Long List

- ☑ Eine Long List enthält eine Grobauswahl möglichst vieler geeigneter Käufer.
- ☑ Typische Filterkriterien für Unternehmen, die es auf die Long List schaffen, sind:
  - ☑ klarer Bezug zum Tätigkeitsfeld des Zielunternehmens (strategischer Fit)
  - ☑ Finanzdaten (z.B. Umsatz, EBITDA etc.)
  - ☑ ausreichend Finanzkraft vorhanden, um Akquisitionsfinanzierung zu bewältigen?
  - ☑ Eigentümerstruktur und Grad der Kontrolle
  - ☑ Marktstellung des potenziellen Käufers
  - ☑ Mitarbeiterzahl und -profil
  - ☑ Produkt- und Kundenportfolio
  - ☑ Produktionsstandorte und Vertriebsnetz
  - ☑ potenzielle Synergieeffekte

Checkliste: Filterkriterien für eine Short List

- ☑ Auf der Short List befindet sich eine ausgewählte Anzahl der am besten geeigneten Käufer, die in der nächsten M&A-Phase angesprochen werden.
- ☑ Typische Filterkriterien für die Short List sind:
  - ☑ Höchst- und Mindestumsätze
  - ☑ geografische Lage
  - ☑ Geschäftserfahrung
  - ☑ Marktanteil

- ☑ Reputation
- ☑ Unternehmenskultur
- ☑ Wünsche der Zielgesellschaft (z.B. Ausschluss bestimmter direkter Wettbewerber)
- ☑ besondere Stärken, wie F&E, Verkauf oder Produktion
- ☑ börsennotiert oder privat geführt

3.1.7 Dokumentation

Der Erstellung der **Verkaufsunterlagen**, wie z.B. dem Informationsmemorandum oder dem anonymen Kurzprofil, und weiterer prozessrelevanter Dokumente kommt eine große Bedeutung im M&A-Verkaufsprozess zu. Aus diesem Grund werden im Folgenden die wichtigsten Dokumente hinsichtlich eines Unternehmensverkaufs im Detail vorgestellt.

3.1.7.1 Informationsmemorandum

Das **Informationsmemorandum** (auch „Info Memo", „Memorandum" oder kurz „IM" genannt) stellt das zentrale Verkaufsdokument im M&A-Prozess dar und enthält eine detaillierte Beschreibung des zum Verkauf stehenden Unternehmens.

Die Investmentbank bzw. M&A-Boutique des Verkäufers erstellt das Informationsmemorandum und verteilt es zum Zeitpunkt der Marktansprache an die potenziellen Käufer der Short List. Diese haben die Möglichkeit, das Informationsmemorandum im Laufe des Verkaufsprozesses als Referenz zu verwenden. Es ist i.d.R. strikt untersagt, das Info Memo (weder elektronisch noch physisch) zu kopieren. Weitere im englischsprachigen Raum gängige Bezeichnungen für dieses Dokument sind:

- Marketing Book
- Offering Memorandum
- Confidential Business Report (CBR)
- Prospectus
- Information Memorandum.

Das Memorandum ist ein umfangreicher Bericht, welcher **wesentliche Informationen** über die Zielgesellschaft enthält. Anhand dieser Angaben kann sich ein potenzieller Käufer ein realistisches Urteil über die aktuelle Situation und zukünftige Entwicklung des Unternehmens bilden. Auf diese Art und Weise kann ein potenzieller Erwerber mögliche Synergieeffekte identifizieren sowie den strategischen Fit der Zielgesellschaft hinsichtlich seines eigenen Unternehmens bewerten.[147]

In der Regel wird der **Offenlegungsgrad von Informationen** im Memorandum so abgestimmt, dass ein ernsthafter Kaufinteressent auf Grundlage der Informationen im Info Memo ein erstes unverbindliches Kaufangebot für die Zielgesellschaft abgeben kann. Gleichzeitig muss gewährleistet werden, dass keine hochsensiblen Unternehmensinformationen bereits vor der Due Diligence-Phase preisgegeben werden, da es ansonsten zu einer Schädigung des zum Verkauf stehenden Unternehmens kommen könnte.

Das Informationsmemorandum sollte die folgenden wesentlichen **Themenbereiche** abdecken:[148]

- Die Beweggründe für den Verkauf.
- Eine genaue und gründliche Beschreibung des zum Verkauf stehenden Unternehmens und dessen Geschäftstätigkeit (einschließlich Organisationsstruktur, historische Entwicklung, Aktionärs- bzw. Gesellschafterstruktur, Produktsortiment, Märkte, Kunden, Produktion, Technologie, Lieferanten, Wettbewerbsvorteile, Finanzdaten).
- Es müssen genügend relevante Informationen offengelegt werden, um einem potenziellen Käufer eine fundierte Kaufentscheidung zu ermöglichen.

147 Vgl. Ernst; Häcker (2011), S. 46

148 Vgl. Ernst; Häcker (2011), S. 46 f.

- Die Vertraulichkeit muss gewährleistet werden, um den Transaktionswert und die Transaktion nicht zu gefährden.

Ein Informationsmemorandum umfasst i.d.R. die folgenden Punkte:

[1] einleitende Hinweise zum Memorandum
[2] Executive Summary (auch Management Summary genannt)
[3] Transaktionsgegenstand
[4] Investmentüberlegungen
[5] Unternehmensprofil
[6] Produkt- und Dienstleistungsspektrum
[7] SWOT-Analyse
[8] Märkte und Wettbewerber
[9] Produktion und Fertigung
[10] Vertrieb und Marketing
[11] Management, Mitarbeiter und Organisation
[12] Finanzdaten (der letzten drei Jahre und Planung für drei bis fünf Jahre)

Das Memorandum sollte auf eine möglichst positive Darstellung des Verkaufsobjekts mit einem hohen Anspruch an die sprachliche Ausformulierung abzielen. Gleichzeitig ist es aus Verkäufersicht ratsam, den potenziellen Käufern ein möglichst **faires und wahrheitsgemäßes Bild** des Zielunternehmens zu präsentieren. Umfasst das Memorandum unehrliche Angaben oder verschleiert wichtige Informationen, werden diese spätestens in der späteren Due Diligence aufgedeckt. Das Informationsmemorandum stellt für den Verkäufer eine gute Möglichkeit dar, durch den Abbau bestehender Informationsasymmetrien ein gewisses Maß an Vertrauen gegenüber den potenziellen Erwerbern zu schaffen, was in der Due Diligence und im Rahmen der späteren Kaufvertragsverhandlungen von Vorteil sein kann.

3.1.7.2 Anonymes Kurzprofil

Ein **anonymes Kurzprofil** („Teaser" oder „Short Profile") ist ein stark komprimiertes Dokument (i.d.R. ein bis zwei Seiten) und wird häufig aus dem Executive Summary des Informationsmemorandums abgeleitet.

In dem Kurzprofil wird der Name der Zielgesellschaft noch nicht preisgegeben, sondern durch einen passenden Projektnamen (z.B. für einen Batteriehersteller: Name mit Bezug „Power" oder Name ohne Bezug „Hibiscus") geschützt.

Der Aspekt der **Anonymität** ist bei der Erstellung eines Teasers von hoher Bedeutung, da oft direkte Konkurrenten als potenzielle Käufer des Zielunternehmens kontaktiert werden und sich eine solche Verkaufsinformation im Markt eventuell negativ auf die Position des Unternehmens auswirkt.

Ein anonymes Kurzprofil beinhaltet i.d.R. die folgenden Informationen:

[1] kurze Übersicht über das Zielunternehmen und seine Tätigkeitsbereiche

[2] wichtige Fakten zum Unternehmen (z.B. regionale Tätigkeit, Rechtsform etc.)

[3] wichtige Finanzkennzahlen (z.B. Umsatz, EBITDA etc.)

[4] Investitionsüberlegungen und -chancen (Warum soll der Investor genau dieses Unternehmen erwerben?)

[5] Transaktionsgegenstand und Transaktionshintergrund

Ein Teaser muss, wie die deutsche Übersetzung („Lockangebot" bzw. „Anreißer") bereits andeutet, für einen potenziellen Investoren ansprechend sein und sein Interesse für das Zielunternehmen nachhaltig wecken. Die **Kunst**, ein gutes Kurzprofil zu schreiben, besteht darin, den interessierten Käufer mit genau so vielen relevanten Daten zu versorgen, dass er entscheiden kann, ob er an der Transaktion interessiert ist oder die Investitionsmöglichkeit verwirft. Auf der anderen Seite muss natürlich sichergestellt werden, dass der Verkäufer anhand des Kurzprofils nicht identifiziert werden kann.[149]

3.1.7.3 Vertraulichkeitserklärung

Die Vorbereitungsphase des Verkaufsprozesses endet mit der Erstellung der Vertraulichkeitserklärung, welche auch „Non Disclosure Agreement" (NDA) oder „Confidentiality Agreement" genannt wird.

Eine **Vertraulichkeitserklärung** dient dem Schutz vertraulicher Informationen. Darin verpflichten sich sowohl der Verkäufer als auch der potenzielle Käufer zur absoluten Geheimhaltung über das Transaktionsvorhaben und ausgetauschte vertrauliche Informationen.

Da ein frühes Bekanntwerden eines geplanten Unternehmensverkaufs in der Öffentlichkeit dem Geschäftsbetrieb des Verkäufers und des potenziellen Käufers Schaden zufügen kann, muss ein gewisses gegenseitiges Einvernehmen hinsichtlich der Vertraulichkeit herrschen, so dass die Wahrscheinlichkeit eines solchen negativen Ereignisses reduziert wird. Ein ernsthafter Käufer benötigt vor Verhandlungsbeginn ausführliche Informationen, um sein Interesse an der Zielgesellschaft zu festigen und eine Kaufpreisspanne ermitteln zu können. Andererseits sollte ein vorsichtiger Verkäufer ausführliche Informationen des interessierten Käufers anfordern, um dessen Fähigkeit zur Bewältigung der Akquisitionsfinanzierung besser einschätzen zu können.[150]

Aus Verkäufersicht ist das primäre Ziel einer Vertraulichkeitsvereinbarung, einen potenziellen Käufer im Rahmen eines M&A-Projektes vertraglich an die Geheimhaltung über das Transaktionsvor-

---

149 Vgl. Ernst; Häcker (2011), S. 46

150 Vgl. Ernst; Häcker (2011), S. 42

haben und alle damit verbundenen hochsensiblen Informationen zu binden.[151]

In der Regel enthält die Vertraulichkeitserklärung folgende Kernelemente:[152]

- Vertrauliche Informationen dürfen nicht an Dritte weitergegeben werden, außer diese treten der Vertraulichkeitsvereinbarung bei.
- Der direkte Kontakt zu Mitarbeitern des Zielunternehmens ist nicht gestattet.
- Auf Anfrage des Zielunternehmens oder spätestens mit dem Abbruch der Vertragsverhandlungen müssen alle erhaltenen Informationen an den Verkäufer zurückgegeben werden.
- Die Vertraulichkeitserklärung ist keine Garantie für eine anschließende Transaktion.
- Der interessierte Käufer hat nach der Kündigung der Vertraulichkeitsvereinbarung und dem damit verbundenen Transaktionsabbruch die Einstellung von Mitarbeitern des Zielunternehmens i.d.R. für einen Zeitraum von ein bis zwei Jahren zu unterlassen (Abwerbeverbot).

Ein interessierter Investor erhält nach der Übermittlung der unterzeichneten NDA Zugang zu nicht öffentlichen und vertraulichen Daten des Zielunternehmens. Zusätzlich wird ihm vom M&A-Berater der Name des Zielunternehmens mitgeteilt.

Bei Verletzung der Inhalte der Vertraulichkeitsvereinbarung durch einen potenziellen Käufer entstehen auf Verkäuferseite **Schadenersatzansprüche**. Die Zielgesellschaft steht im Rahmen der Geltendmachung eines solchen Schadenersatzanspruches regelmäßig vor einem Problem. Begeht ein interessierter Investor Vertragsbruch, so

---

[151] Vgl. Exler (2006), S. 32

[152] Vgl. Ernst; Häcker (2011), S. 42

muss die Zielgesellschaft aufgrund der herrschenden Beweislastumkehr diesen Verstoß nachweisen können, was sich in aller Regel äußerst schwierig gestaltet. Abschließend ist die rechtliche Effektivität der Vertraulichkeitserklärung in der Praxis kritisch zu sehen. Relevant ist mehr der moralische Aspekt. In der M&A-Geschäftswelt kann es sich kein seriöser Teilnehmer erlauben, die Vertraulichkeit zu brechen. Der damit verbundene negative Ruf würde ihn von zukünftigen Transaktionen ausschließen.

3.1.7.4 Unterschiede bei der Dokumentation für mittelständische Unternehmen und Großunternehmen

Die inhaltlichen Anforderungen an die Verkaufsunterlagen hinsichtlich eines M&A-Verkaufsvorhabens stellen sich für mittelständische Unternehmen und Großunternehmen i.d.R. ähnlich dar.

Mit zunehmender Unternehmensgröße und damit häufig einhergehender Komplexität einer Verkaufstransaktion, erhöht sich regelmäßig der **Umfang eines Informationsmemorandums**. Gründe hierfür sind meist in der breiteren Organisationsstruktur, Produktpalette oder Geschäftstätigkeit der Großunternehmen zu finden. Im Hinblick auf eine Vertraulichkeitsvereinbarung für ein großes Zielunternehmen sind zudem Exklusivitätsvereinbarungen, die einem potenziellen Käufer unter verschiedenen Bedingungen Exklusivität einräumen, denkbar.[153] Bei börsennotierten Großunternehmen enthalten die NDAs meist zusätzlich sogenannte „**Standstill-Vereinbarungen**". Sie verpflichten den potenziellen Investor dazu, für die Dauer der Vertraulichkeitsphase „keine Aktien/Anteile des börsennotierten Zielunternehmens zu erwerben oder sich durch andere Weise Einfluss auf das Zielunternehmen zu verschaffen."[154]

Bei der Erstellung des Informationsmemorandums für eigentümergeführte Mittelständler sollte stärker auf die **Verkaufsmotivation** des Veräußerers eingegangen werden. Mögliche Investoren stellen

153 Vgl. Bühler; Bindl (2012), S. 184

154 Vgl. Bühler; Bindl (2012), S. 186

sich meist die Frage, „warum die Zielgesellschaft verkauft werden soll", und implizieren, dass negative Faktoren das Verkaufsvorhaben antreiben könnten.[155] Aus diesem Grund sollten die Verkaufsunterlagen einer mittelständischen Zielgesellschaft offen und plausibel die Verkaufsabsicht darlegen.

3.1.7.5 Checklisten: Informationsmemorandum, anonymes Kurzprofil und Vertraulichkeitserklärung

Checkliste: Informationsmemorandum

- ☑ Das Informationsmemorandum ist ein umfangreicher Bericht, welcher wesentliche Informationen über die Zielgesellschaft enthält, anhand derer sich ein potenzieller Investor ein realistisches Urteil über die Investitionsmöglichkeit bilden soll.
- ☑ Typische Inhalte eines Informationsmemorandums sind:
  - ☑ einleitende Hinweise zum Memorandum
  - ☑ Executive Summary
  - ☑ Transaktionsgegenstand
  - ☑ Investmentüberlegungen
  - ☑ Unternehmensprofil
  - ☑ Produkt- und Dienstleistungsspektrum
  - ☑ SWOT-Analyse
  - ☑ Märkte und Wettbewerber
  - ☑ Produktion und Fertigung
  - ☑ Vertrieb und Marketing
  - ☑ Management, Mitarbeiter und Organisation
  - ☑ Finanzdaten (der letzten drei Jahre und Planung für drei bis fünf Jahre)

[155] Vgl. Marks et al. (2012), S. 97

Checkliste: Anonymes Kurzprofil

- ☑ Ein anonymes Kurzprofil ist ein meist zweiseitiges Dokument, das in anonymer Form wesentliche Informationen zum geplanten Unternehmensverkauf und dem Zielunternehmen enthält.
- ☑ Typische Inhalte eines anonymen Kurzprofils sind:
  - ☑ kurze Übersicht über das Zielunternehmen und seine Tätigkeitsbereiche
  - ☑ wichtige Fakten zum Unternehmen (z.B. Firmensitz, Rechtsform etc.)
  - ☑ wichtige Finanzkennzahlen (z.B. Umsatz, EBITDA etc.)
  - ☑ Investitionsüberlegungen und -chancen (Warum soll der Investor genau dieses Unternehmen erwerben?)
  - ☑ Transaktionsgegenstand und Transaktionshintergrund

Checkliste: Vertraulichkeitserklärung

- ☑ Im Rahmen einer Vertraulichkeitserklärung verpflichten sich sowohl der Verkäufer als auch der potenzielle Käufer zur absoluten Geheimhaltung über das Transaktionsvorhaben und ausgetauschte vertrauliche Informationen.
- ☑ Typische Inhalte einer Vertraulichkeitserklärung sind:
  - ☑ Vertrauliche Informationen dürfen nicht an Dritte weitergegeben werden, außer diese treten der Vertraulichkeitsvereinbarung bei.
  - ☑ Der direkte Kontakt zu Mitarbeitern des Zielunternehmens ist nicht gestattet.
  - ☑ Auf Anfrage des Zielunternehmens oder spätestens mit dem Abbruch der Vertragsverhandlungen müssen alle erhaltenen Informationen an den Verkäufer zurückgegeben werden.
  - ☑ Die Vertraulichkeitserklärung ist keine Garantie für eine anschließende Transaktion.
  - ☑ Der interessierte Käufer hat nach der Kündigung der

Vertraulichkeitsvereinbarung und dem damit verbundenen Transaktionsabbruch die Einstellung von Mitarbeitern des Zielunternehmens i.d.R. für einen Zeitraum von ein bis zwei Jahren zu unterlassen.

3.2 Phase II: Marktansprache – „Point of no return"

Nachdem die Vorbereitungsphase einer M&A-Verkaufstransaktion mit der Fertigstellung der Verkaufsunterlagen erfolgreich abgeschlossen ist, steht als nächster Schritt die **Kontaktaufnahme zu potenziellen Käufern** der Short List auf der Agenda der Investmentbank bzw. M&A-Boutique. Man spricht in diesem Zusammenhang auch häufig vom „Point of no return", da zeitgleich mit der Marktansprache die Verkaufsabsicht des Zielunternehmens, trotz Vertraulichkeitserklärungen, unwiderruflich „in den Umlauf" gebracht wird. Es ist von großer Bedeutung, dass die Marktansprache erst nach fundierter Vorbereitung erfolgt, da ansonsten entstehende Zeitverzögerungen eine deutliche Schwächung des Momentums verursachen können.

Nach einer angemessenen Prüfungszeit der übermittelten Verkaufsdokumente erhalten interessierte Investoren die Möglichkeit zur Abgabe eines **indikativen Angebots**. Die Angebote werden daraufhin von dem M&A-Berater, in enger Absprache mit dem Verkäufer, ausgewertet und tragen maßgeblich zur Selektion der am besten geeigneten Erwerber bei. Ganz nach dem Motto „Es ist nicht alles Gold, was glänzt" scheiden als „geeignet identifizierte Käuferunternehmen", deren indikative Angebote unattraktiv ausfallen, an dieser Stelle aus dem Verkaufsprozess aus. Mit der übrigen Auslese an Käuferunternehmen wird das Transaktionsvorhaben forciert vorangetrieben.

Nachfolgend wird erläutert, wie eine typische Marktansprache und die Selektion der am besten geeigneten Investoren ablaufen.

3.2.1 Ansprache potenzieller Käufer

Die Ansprache potenzieller Käufer beginnt i.d.R. mit einem ersten Telefonat zwischen dem M&A-Berater und einem Entscheidungsträger des jeweiligen auserwählten Investors. Anhand dieses Gesprächs findet ein **erstes Kennenlernen** statt und es kann überprüft werden, ob ein generelles Kaufinteresse an der anonym vorgestellten Zielgesellschaft besteht. Ein kaufwilliger Erwerber erhält dann im Anschluss via personalisierter E-Mail das **anonyme Kurzprofil** über das zum Verkauf stehende Unternehmen zusammen mit einer Vertraulichkeitsvereinbarung.

Ist ein Investor nach der Prüfung des Teasers immer noch an der Investmentmöglichkeit interessiert und hat er die **unterzeichnete NDA** an den M&A-Berater übermittelt, erhält er in einer weiteren E-Mail das ausführliche **Informationsmemorandum** und somit auch Auskunft über den Namen des Zielunternehmens.

3.2.2 Letter of Intent

Auf der Grundlage des Informationsmemorandums und geführter persönlicher Gespräche mit dem M&A-Berater des Zielunternehmens oder direkt mit dem Verkäufer wird jeder kontaktierte Kaufinteressent um die Abgabe eines **unverbindlichen Angebots** gebeten. Das unverbindliche Angebot wird auch als „Letter of Intent" (LOI) oder „indikatives Angebot" bezeichnet. Handelt es sich bei dem Zielunternehmen um ein mittelständisches Unternehmen, so werden vor Abgabe des LOI häufig intensive Gespräche geführt, deren Ergebnisse in den LOI einfließen. Zudem enthält der LOI bei mittelständischen Targets häufig wesentliche Punkte des späteren Kaufvertrags. Demgegenüber fällt bei großen Zielunternehmen der LOI regelmäßig schlanker aus, da dieser oftmals nur basierend auf dem Informationsmemorandum erstellt wird.

Ein **Letter of Intent** ist eine Absichtserklärung mit Vorvertragscharakter, aus der i.d.R. keine rechtliche Bindung des potenziellen Käufers oder Verkäufers resultiert. Generell kann die Absichtserklärung vom potenziellen Käufer allein oder von beiden Seiten abgegeben werden.[156]

---

[156] Vgl. Wirtz (2012), S. 203

Im Kern signalisiert das unverbindliche Angebot das ernsthafte Interesse des Käufers, detaillierte Verhandlungen aufnehmen und unter bestimmten Voraussetzungen einen Kaufvertrag unterzeichnen zu wollen. Zudem wird in diesem Dokument das bereits erzielte **Verhandlungsergebnis** zwischen Käufer und Verkäufer schriftlich festgehalten und diese Punkte damit der weiteren Diskussion entzogen. Somit können die später folgenden Vertragsverhandlungen effizienter gestaltet werden. Der Letter of Intent kann im M&A-Prozess durchaus als **Etappensieg** mit verhandlungspsychologischem Effekt angesehen werden, da er einerseits die Ernsthaftigkeit des Kaufinteresses untermauert und andererseits eine gegenseitige Vertrauensbasis kreiert.[157]

In dem LOI gibt der potenzielle Käufer einen kurzen **Überblick über die Transaktionsstruktur** und seine strategischen Ziele hinsichtlich der Transaktion. Von besonderem Interesse ist eine Aussage über die **Zahlungsmethode** (z.B. Bezahlung in bar oder in Aktien). Ein **vorläufiger Kaufpreis** wird häufig als ein Preisintervall oder als ein Vielfaches einer Ertragsgröße (z.B. Kaufpreis = 6,5 x $EBITDA_{2013}$) zum Ausdruck gebracht. Zudem legt die Absichtserklärung fest, welche Art von Daten zwischen den beiden Parteien ausgetauscht werden muss und wie die geplante Dauer und Intensität der Due Diligence aussehen soll. Ein weiterer wichtiger Bestandteil des LOI kann eine **Exklusivitätsvereinbarung** sein. Meist verlangt bei mittelständischen M&A-Transaktionen der potenzielle Käufer ein Vorzugsrecht für den voranschreitenden Verkaufsprozess und bittet den Verkäufer, Verhandlungen mit anderen Kaufinteressenten bis zur Vollendung der Due Diligence und der Abgabe seines verbindlichen Kaufangebotes einzustellen.[158]

Bei größeren M&A-Transaktionen wird eine Exklusivität ausgeschlossen, da die Investmentbank bzw. die M&A-Boutique durch einen parallelen Verhandlungsprozess mit mehreren Bietern einen möglichst hohen Kaufpreis erzielen möchte.

---

157 Vgl. Preisser; Cavaillès (2011), S. 18

158 Vgl. Ernst; Häcker (2011), S. 48

Die typischen Inhalte einer Absichtserklärung sind:[159]

[1] Präambel (Beschreibung des wirtschaftlichen Hintergrunds)

[2] Beschreibung der beabsichtigten Transaktion

[3] Beschreibung des erreichten Verhandlungsstandes (inkl. Kaufpreis/Kaufpreisformel, Zahlungsmodalitäten, Haftung bzw. Garantien des Verkäufers etc.)

[4] Absichtserklärung zur Fortführung der Verhandlungen

[5] Festlegung der weiteren Vorgehensweise (z.B. anstehende Milestones, Due Diligence etc.)

[6] Einräumung von Verhandlungsexklusivität (Interessent erhält gegebenenfalls für einen bestimmten Zeitraum Verhandlungsexklusivität)

[7] Regelung zur Kostentragung bei Abbruch der Vertragsverhandlungen oder Verletzung der Exklusivität

[8] Vertraulichkeitsvereinbarung

[9] Due Diligence-Vereinbarung (z.B. Zeitraum, Art der Informationsbereitstellung, Datenraumregeln etc.)

[10] Vorbehalt erforderlicher Zustimmungen bestimmter Gesellschaftsorgane oder Kartellbehörden

[11] Sonstiges (z.B. salvatorische Klausel, Gerichtsstandvereinbarung etc.)

Aufgrund der Tatsache, dass der Letter of Intent keine rechtswirksame Verbindlichkeit zur Führung von Vertragsgesprächen oder zum Abschluss eines Kaufvertrages begründen soll, sind die Worte und Ausführungen wohlüberlegt zu wählen. Ein vollständiger Haftungsausschluss gestaltet sich in der Praxis jedoch äußerst kompliziert. Nichtsdestotrotz kann ein gut geschriebener LOI das Haftungsausmaß auf Verkäufer- und Käuferseite deutlich reduzieren.[160]

---

[159] Vgl. Nüsser (2010), S. 282 f. und Wirtz (2012), S. 204

[160] Vgl. Ernst; Häcker (2011), S. 48

3.2.3 Selektion der bevorzugten potenziellen Käufer

Nachdem die Investmentbank bzw. M&A-Boutique die indikativen Angebote der kontaktierten Kaufinteressenten erhalten hat, gilt es den Umfang der potenziellen Erwerber zu reduzieren. Hierzu analysiert und bewertet der M&A-Berater in enger Kooperation mit dem Verkäufer, wie seriös und fundiert die unverbindlichen Angebote sind.[161] Käufer, die unattraktive Kaufangebote abgegeben haben, werden an dieser Stelle aus dem Verkaufsprozess ausscheiden. Die Attraktivität eines unverbindlichen Kaufangebotes richtet sich dabei nicht nur nach der Höhe des genannten Kaufpreises, sondern muss zudem anhand der Zahlungsfähigkeit, Zahlungsmodalitäten und geforderten Verkäufergarantien evaluiert werden.[162] Nach dieser Auslese verbleiben je nach Transaktionsart und -verfahren zwischen drei bis fünf Kaufinteressenten im Verkaufsprozess.

3.2.4 Checkliste: Letter of Intent

Checkliste: Letter of Intent

- ☑ Der LOI ist eine Absichtserklärung mit Vorvertragscharakter.
- ☑ Aus der Absichtserklärung resultiert keine rechtliche Bindung des potenziellen Käufers oder Verkäufers.
- ☑ Der LOI untermauert die Ernsthaftigkeit des Kaufinteresses und kreiert eine gegenseitige Vertrauensbasis.
- ☑ Typische Inhalte eines LOI:
  - ☑ Präambel (Beschreibung des wirtschaftlichen Hintergrunds)
  - ☑ Beschreibung der beabsichtigten Transaktion
  - ☑ Beschreibung des erreichten Verhandlungsstandes (inkl. Kaufpreis etc.)
  - ☑ Absichtserklärung zur Fortführung der Verhandlungen

[161] Vgl. Rochat; Korp (2010), S. 281

[162] Vgl. Rochat; Korp (2010), S. 271

- ☑ Festlegung der weiteren Vorgehensweise
- ☑ Exklusivitätsvereinbarung
- ☑ Regelung zur Kostentragung bei Abbruch der Vertragsverhandlungen und bei weiterer Fortführung
- ☑ Vertraulichkeitsvereinbarung
- ☑ Due Diligence-Vereinbarung
- ☑ Vorbehalt erforderlicher Zustimmungen bestimmter Organe bzw. Behörden

3.3 Phase III: Beleuchtung finanzwirtschaftlicher Aspekte

Kein Markt ist perfekt und bietet vollkommene Informationstransparenz. Dasselbe gilt für den Markt der Mergers & Acquisitions. Es herrschen eindeutige **Informationsasymmetrien** zwischen Verkäufer und potenziellen Käufern. Der Verkäufer hat ein umfangreiches Wissen über die Mitarbeiter, Produkte, ungenutzten Potenziale, die Pipeline an Innovationen, Vor- und Nachteile der Organisation und die rechtlichen sowie steuerlichen Risiken des Verkaufsobjekts. Während der Verkäufer das Verkaufsobjekt im Detail kennt, gestaltet sich die Situation für einen Kaufinteressenten anders: Seine Kenntnis hinsichtlich der obengenannten Punkte ist wesentlich dezimierter.[163]

„Die Katze im Sack“ möchte auch im Zusammenhang mit einer M&A-Verkaufstransaktion kein potenzieller Erwerber kaufen. Aus diesem Grund sollte an dieser Stelle der M&A-Transaktion von allen verbliebenen Kaufinteressenten die Due Diligence, die anschließende Unternehmensbewertung zur Kaufpreisfindung und die Transaktionsstrukturierung durchgeführt werden. Diese Punkte werden nachfolgend ausführlich beleuchtet.

---

163 Vgl. Behringer (2013), S. 26

3.3.1 Due Diligence (Sorgfaltsprüfung)

Die systematische Analyse des Zielunternehmens durch einen potenziellen Käufer im Vorfeld einer Kaufvertragsunterzeichnung, wird als **Due Diligence** bzw. Sorgfaltsprüfung bezeichnet.[164] Der Begriff Due Diligence stammt aus dem angloamerikanischen Recht und bedeutet „im Verkehr erforderliche Sorgfalt".

Während der Due Diligence-Phase erhält der Kaufinteressent die Möglichkeit, das Zielunternehmen anhand sensibler und öffentlich nicht zugänglicher Daten genau zu prüfen. Die Gelegenheit, sensible und betriebsinterne Informationen zu analysieren, ermöglicht dem potenziellen Käufer die Bewertung des Zielunternehmens mit zusätzlicher Genauigkeit durchzuführen. Zudem überarbeitet der interessierte Käufer anhand der Erkenntnisse dieser Prüfung seine Pläne bezüglich der Transaktionsstruktur und des Finanzierungsbedarfs für den Abschluss der Transaktion.[165]

3.3.1.1 Motive für eine Due Diligence

Die Motive für die Durchführung einer Due Diligence können vielseitig sein. In der Regel erfordern die folgenden Motive eines Kaufinteressenten die Durchführung einer Sorgfaltsprüfung:

- Beurteilung der Wirtschaftlichkeit und Durchführbarkeit der Transaktion
- Identifizierung der Schwächen und Risiken des Zielunternehmens
- Erhalt von Prognosen der relevanten Finanzkennziffern und Unternehmensdaten

Ein wesentliches Motiv im Rahmen der Analyse von Schwächen und Risiken des Verkaufsobjekts stellt die Identifikation von „**Deal Breaker**" dar. Darunter sind diejenigen Sachverhalte zu verstehen,

164 Vgl. Wirtz (2012), S. 205

165 Vgl. Ernst; Häcker (2011), S. 331

bei deren Kenntnis ein Kaufinteressent zum Ausstieg aus dem M&A-Verkaufsprozess bewegt werden würde. Klassische Deal Breaker sind z.B. schwer kalkulierbare Haftpflicht- oder Umweltrisiken sowie a priori irrtümlich bewertete Synergieeffekte.[166]

Auch auf Verkäuferseite besteht ein klares Motiv zum Angebot einer uneingeschränkten Due Diligence. Je besser bzw. umfangreicher die Informationsbereitstellung oder -offenlegung im Rahmen der Sorgfaltsprüfung ausfällt, desto zuverlässiger kann sich der Verkäufer gegenüber späteren **Gewährleistungsansprüchen** von Seiten des Käufers schützen.[167] De facto reduziert sich die Angriffsfläche für etwaige Schadenersatzansprüche gegen den Verkäufer.

3.3.1.2 Schlüsselfunktionen einer Due Diligence

Ziel der Due Diligence ist zum einen die Beurteilung, ob das Zielunternehmen den strategischen Erfordernissen und Zielen des Käufers gerecht werden kann und zum anderen die Festlegung einer angemessenen Bewertungsbandbreite für das Zielunternehmen. Um diese Ziele zu erreichen, erfüllt die Due Diligence folgende **Schlüsselfunktionen** im Rahmen eines M&A-Prozesses:

- Reduzierung von Informationsasymmetrien
- Identifikation und Überprüfung von Synergiepotenzialen
- Verbindung zwischen strategischer Planung und Post-Merger-Integration (PMI)

3.3.1.2.1 Reduzierung von Informationsasymmetrien

Die Hauptaufgabe der Due Diligence ist die Verringerung der Informationsasymmetrie zwischen dem informierten Verkäufer und dem weniger informierten potenziellen Käufer. Die **Informationsoffenlegung** über das Zielunternehmen ist aus den folgenden

---

166 Vgl. Wirtz (2012), S. 206

167 Vgl. Wirtz (2012), S. 206

Gründen notwendig:[168]

- Fundierte Bewertung der Transaktion aus betriebswirtschaftlicher Sicht
- Ausarbeitung eines rechtmäßig verbindlichen Kaufangebots einschließlich der Festlegung des Umfangs und Inhalts der Garantien und Gewährleistungen

Sofern keine oder eine stark reduzierte Due Diligence erfolgt, wird der Käufer auf eine **Kaufpreisminderung** im Preisbildungsprozess abzielen und einen **Risikoabschlag** verlangen. Im schlimmsten Fall tritt der Käufer aufgrund eines aufkommenden Misstrauens von den Verhandlungen zurück.

Durch die Due Diligence signalisiert der Verkäufer dem potenziellen Käufer seine Bereitschaft, durch die Bereitstellung von sensiblen Unternehmensinformationen bestehende Informationsasymmetrien zwischen beiden Parteien zu reduzieren. Die auf Basis der Due Diligence gewonnenen Informationen ermöglichen dem Käufer eine sorgfältige Eignungsprüfung der Akquisition. In der Betriebswirtschaftslehre wird dieser Vorgang, analog zur Suche potenzieller Käufer in der M&A-Vorbereitungsphase, als „**Screening**“ bezeichnet. Der Käufer ist an der Offenlegung aller relevanten Informationen bezüglich des Zielunternehmens interessiert. Er beabsichtigt die Erstellung einer detaillierten und systematischen Analyse, um ein möglichst umfassendes Gesamtbild des Zielunternehmens zu erhalten. Im Gegenzug fürchtet der Verkäufer, dass ein interessierter Käufer vertrauliche Informationen nach einem möglichen Abbruch der Verhandlungen missbrauchen könnte. Speziell wenn es sich bei dem Käufer um einen direkten Konkurrenten handelt, stellt die ganzheitliche Informationsoffenlegung und ein denkbarer **Missbrauch von vertraulichen Informationen** ein erhebliches Risiko dar. Demgegenüber muss sich der Verkäufer vor Augen halten, dass umfangreiche potenziell wertsteigernde Informationen die **Zahlungsbereitschaft** des Käufers erhöhen. Der

[168] Vgl. Ernst; Häcker (2011), S. 333

Umfang der Informationspreisgabe muss durch den Verkäufer auf einem der Transaktion angemessenen Niveau gehalten werden.[169]

3.3.1.2.2 Identifikation und Überprüfung von Synergiepotenzialen

Ein weiterer Zweck der Due Diligence ist die Ermittlung und Überprüfung potenzieller **positiver und negativer Synergien**. Die während der Due Diligence erhaltenen Informationen bilden die Grundlage für die Bestimmung wesentlicher Bewertungsparameter. Durch die genaue Analyse des im Zielunternehmen ruhenden Potenzials und der Wahrscheinlichkeit der Realisierung positiver Synergieeffekte kann eine präzisere **Bewertungsbandbreite** für den Unternehmenswert des Zielunternehmens ermittelt werden. Aus diesem Grund können die anhand der Due Diligence erlangten Erkenntnisse zu Neuverhandlungen hinsichtlich der im Letter of Intent angegebenen unverbindlichen Kaufpreishöhe führen.

3.3.1.2.3 Verbindung zwischen strategischer Planung und Post-Merger-Integration (PMI)

Eine weitere Aufgabe der Due Diligence ist die Prüfung einer Verbindung zwischen der strategischen Planung des Zielunternehmens und einer möglichst reibungslosen Post-Merger-Integration (PMI). Nachdem die M&A-Transaktion durch die Übertragung der Geschäftsanteile der Zielgesellschaft bzw. deren Assets aus Verkäufersicht abgeschlossen ist, steht für den Käufer die Zusammenführung bzw. **Integration des Zielunternehmens** in seine eigene Unternehmensgruppe an. Diese Integrationsphase wird als PMI-Phase bezeichnet. Die Due Diligence ermöglicht dem potenziellen Käufer eine fundierte Prüfung der späteren Post-Merger-Integration in Bezug auf potenzielle Risiken oder Störfaktoren, die aus der derzeitigen Geschäftstätigkeit oder Unternehmensstrategie des Zielunternehmens resultieren.[170]

---

[169] Vgl. Wirtz (2012), S. 206 f. und Exler (2006), S. 36

[170] Vgl. Ernst; Häcker (2011), S. 334

3.3.1.3 Beteiligte Personen im Rahmen einer Due Diligence

Die Anzahl der am Due Diligence-Prozess beteiligten Personen variiert je nach Größe des potenziellen Käufers und des Zielunternehmens.

Auf Seiten eines möglichen Erwerbers sind stets eigene Mitarbeiter in den Due Diligence-Prozess involviert. Dieser Umstand ist offensichtlich, da nur der Käufer selbst weiß, welche höheren Ziele mit der Akquisition des Zielunternehmens verfolgt werden und welche Tatbestände im Zuge der Sorgfaltsprüfung genau beleuchtet werden müssen. Das **Due Diligence-Team** sollte aus eigenen Mitarbeitern der Finanzabteilung für die Finanzanalyse und der Rechtsabteilung für die Analyse rechtlicher Aspekte zusammengesetzt sein. Außerdem kann es von großem Vorteil sein, wenn die Mitarbeiter, die für die Analyse der Synergiepotenziale zuständig sind, auch für die **Post-Merger-Integration** verantwortlich sind. Zudem ist es empfehlenswert, externe Berater und Spezialisten wie z.B. Wirtschaftsprüfer, Rechtsanwälte, Investmentbanker, Unternehmensberater, Steuerberater, Ingenieure und nicht zuletzt Versicherungsexperten mit einzubeziehen. Sie bieten dem Käufer spezialisiertes Knowhow in ihrem jeweiligen Geschäftsfeld und können darüber hinaus eine objektive Beurteilung des Akquisitionsvorhabens abgeben.[171]

In welchem Umfang die Mitarbeiter des Zielunternehmens am Due Diligence-Prozess beteiligt sind, hängt maßgeblich von der Transaktionsstruktur und dem gegenseitigen Vertrauen zwischen Verkäufer und potenziellem Käufer ab. So kann das Spektrum der beteiligten Mitarbeiter auf Verkäuferseite, je nach Situation, von der Finanzabteilung über die Produktion bis hin zum Vertrieb alle Bereiche involvieren.

3.3.1.4 Informationsquellen bei einer Due Diligence

Bereits im Rahmen des Letter of Intent haben sich Käufer und Verkäufer auf die Dauer und Informationsintensität des Due Dilig-

[171] Vgl. Behringer (2013), S. 152

ence-Prozesses geeinigt. Für eine erfolgreiche Due Diligence ist aus Käufersicht das Einholen umfassender, relevanter Unternehmensinformationen über das Zielunternehmen unabdingbar. Der Zugang zu diesen Informationen kann dem Käufer anhand folgender Quellen gewährt werden: [172]

- interne Informationsquellen
- externe Informationsquellen

3.3.1.4.1 Interne Informationsquellen

Interne Informationen über das Zielunternehmen sind der breiten Öffentlichkeit nicht zugänglich, weshalb an dieser Stelle die Mithilfe des Verkäufers gefragt ist, um potenziellen Kaufinteressenten einen fundierten Einblick in das zum Verkauf stehende Unternehmen zu gewähren. Das Zielunternehmen selbst gilt als beste Bezugsquelle für interne Informationen, auch wenn die Betrachtungsweise oftmals nicht vollständig objektiv ist. Interne Informationen können im Rahmen der Due Diligence aus Käufersicht generell auf vier verschiedenen Wegen eingeholt werden:

- Management-Präsentation
- Datenraum
- Experteninterviews
- Unternehmensbesichtigungen

3.3.1.4.1.1 Management-Präsentation

In der Regel wird kurz vor der Eröffnung des Datenraums jeweils eine Management-Präsentation mit den einzelnen Kaufinteressenten durchgeführt. Die Präsentation (inkl. Handout) wird in enger Zusammenarbeit zwischen dem Management und der Investmentbank bzw. M&A-Boutique des Zielunternehmens vorbereitet. Bevor mit der Arbeit an der Management-Präsentation begonnen wird, sollte geklärt werden, welchem Zweck die Präsentation dienen soll:[173]

---

[172] Vgl. Ernst; Häcker (2011), S. 335

[173] Vgl. Bühler; Bindl (2012), S. 190

- Soll nur das Management des Zielunternehmens persönlich vorgestellt werden?
- Soll zusätzlich ein Update zu den bereits übermittelten Geschäftsinformationen (z.B. aktuelle Quartalszahlen, Orderbook für die nahe Zukunft etc.) kommuniziert werden?
- Soll die Strategie der nächsten Geschäftsjahre erläutert werden?

Inhaltlich befasst sich eine Management-Präsentation oftmals mit noch **offenen Fragen der Investoren** sowie weiteren Details über das Unternehmen und die Unternehmensstrategie, die nicht aus dem Informationsmemorandum oder anderen Quellen ersichtlich sind.[174] Zudem stellt die Präsentation für die potenziellen Käufer eine nützliche Gelegenheit dar, sich die zuvor überprüften Verkaufsdokumente noch einmal bestätigen zu lassen und Rückfragen direkt mit der Führungsebene zu klären. Auf diesem Wege kann zusätzlich die Haltung des Managements gegenüber der M&A-Transaktion in Erfahrung gebracht und daraus wichtige Schlüsse abgeleitet werden.

Aus Verkäufersicht soll die Management-Präsentation die übrigen potenziellen Käufer in ihrer **Kaufabsicht bestärken** und bestehende Akquisitionsbedenken ausräumen. Es ist deshalb von großer Bedeutung, dass diese Präsentation mit Leben gefüllt ist, interessant und ansprechend präsentiert wird sowie ein tatsächlicher Mehrwert für die Investoren entsteht. Ziel ist es außerdem, dass der jeweilige Investor die **Equity Story** des Zielunternehmens aus Sicht des Managements und nicht des M&A-Beraters (wie z.B. im Informationsmemorandum) hört und damit das Engagement sowie die Fähigkeit der aktuellen Unternehmensführung unterstrichen wird.

Die Management-Präsentation sollte mit größter Sorgfalt schriftlich vorbereitet und von diesem Schema nicht abgewichen werden.

---

174 Vgl. Mohr; Bärtl (2012), S. 246

Hintergrund hierfür ist die Möglichkeit eines Erwerbers, die Inhalte der Präsentation zum Gegenstand von späteren Garantievereinbarungen zu machen. Das Management des Zielunternehmens sollte vom M&A-Berater also äußerst gewissenhaft auf die Präsentation vorbereitet werden.[175]

3.3.1.4.1.2 Datenraum

Der beste Weg, um auf eine Due Diligence-Anfrage zu reagieren, ist die Vorbereitung und der Aufbau eines Datenraums durch den Verkäufer und seine Berater.

Ein **Datenraum** ist ein physischer oder elektronischer Datenpool, der eine Vielzahl wesentlicher Informationen über das Zielunternehmen enthält, die der Verkäufer den potenziellen Käufern zur Analyse bereitstellen möchte.

Zu den wichtigsten Dokumenten zählen unter anderem

- Jahresberichte,
- Berichtsangaben für Steuerbehörden,
- Deckungsbeitragsrechnungen für einzelne Produkte,
- Vergütungs- und Vorsorgevereinbarungen,
- Pensionsrückstellungen,
- Umweltberichte,
- Verträge mit Kreditinstituten,
- Arbeitsverträge oder
- Patente.

Falls im Vorfeld der Transaktion vom Verkäufer eine **Vendor Due Diligence** durchgeführt wurde, wird potenziellen Käufern zudem der VDD-Bericht zur Verfügung gestellt. In der Regel enthält der Datenraum nicht alle, aber trotzdem wesentlich sensiblere Informationen über das Zielunternehmen als z.B. das Informationsmemorandum oder die Management-Präsentation.[176]

---

[175] Vgl. Bühler; Bindl (2012), S. 190

[176] Vgl. Preisser; Cavaillès (2011), S. 17 und Ernst; Häcker (2011), S. 336

Unter einem „**physischen Datenraum**" versteht man die Sammlung relevanter Unternehmensunterlagen an einem festgelegten Ort bzw. Raum (oftmals beim Rechtsanwalt des Verkäufers). In diesem Raum werden potenziellen Käufern umfangreiche Dokumente zur Einsicht verfügbar gemacht, die nicht aus dem Datenraum entnommen werden dürfen. Die Dokumentendurchsicht und -prüfung muss innerhalb der Wände des physischen Datenraums zu festgeschriebenen Öffnungszeiten und unter bestimmten Datenraumregeln vollzogen werden.

Als Marktstandard konnten sich inzwischen über das Internet zugängliche „**elektronische Datenräume**" im Rahmen einer M&A-Due Diligence etablieren. Sie sind regelmäßig nach den jeweiligen Unternehmensbereichen des Zielunternehmens strukturiert und entsprechend einer PC-Ordnerstruktur gegliedert. Zur Abschottung des elektronischen Datenraums vor Unbefugten ist dieser speziell verschlüsselt und passwortgeschützt.[177] Ein elektronischer Datenraum bietet gegenüber einem physischen Datenraum, auch im Hinblick auf internationale Unternehmenstransaktionen, einige **Vorteile**:[178]

- Mehrere Kaufinteressenten erhalten zeitgleich Zugriff auf umfangreiche Datensätze.
- Potenzielle Käufer sind nicht an Öffnungszeiten gebunden (Daten sind 24 h pro Tag verfügbar).
- Kostenersparnis (z.B. Reisekosten der Kaufinteressenten etc.).
- Verkäufer muss kein Personal und keine Fläche zur Verfügung stellen.
- Kaufinteressenten hinterlassen eine „digitale Spur" im elektronischen Datenraum, wodurch der Verkäufer das Verhalten einzelner Käufer analysieren kann.

---

177 Vgl. Bühler; Bindl (2012), S. 188

178 Vgl. Preisser; Cavaillès (2011), S. 18 und Iannotta (2010), S. 125

- Im Nachhinein kann bei Rechtsstreitigkeiten die Offenlegung relevanter Daten durch den Verkäufer bewiesen werden.

Die digitale Spur erweist sich aus Verkäufersicht als einer der größten Vorteile eines elektronischen Datenraums. Durch sie kann der Verkäufer genau nachverfolgen, wie viel Zeit ein bestimmter Kaufinteressent im Datenraum verbracht hat oder welche Dokumente er sich wie oft und wie lange angesehen hat. Dadurch kann einerseits die Seriosität des Kaufinteresses beurteilt und andererseits können Rückschlüsse auf das Bieterverfahren bzw. auftretende Kaufpreisminderungsgründe gezogen werden. Zudem kann bei späteren Rechtsstreitigkeiten anhand der elektronischen Spur eines jeden potenziellen Käufers dessen Zugriff auf die jeweiligen relevanten Informationen im elektronischen Datenraum nachgewiesen werden.[179]

Jedoch sind mit einem elektronischen Datenraum auch gewisse **Nachteile** verbunden. Durch die Vernetzung des Datenraums mit dem Internet entstehen in puncto Vertraulichkeit der Informationen für den Verkäufer klare Sicherheitslücken. Anders als beim physischen Datenraum geht die Kontrolle über die Informationen als ein wesentlicher Sicherheitsfaktor verloren. Außerdem können mit gewisser Fingerfertigkeit Daten, die nicht zur Vervielfältigung freigegeben sind, aus dem elektronischen Datenraum heruntergeladen bzw. Dokumente einfach abfotografiert werden.[180]

Eine Auswahl an Unternehmen, die in Deutschland elektronische Datenräume im Rahmen einer M&A-Transaktion anbieten, ist nachfolgend aufgeführt:

- Brainloop AG (Produkt: Brainloop Secure Dataroom)
- Intralinks GmbH (Produkt: Intralinks Dealspace)
- astiga GmbH (Produkt: Docurex)

---

[179] Vgl. Preisser; Cavaillès (2011), S. 18; Iannotta (2010), S. 125 und Bühler; Bindl (2012), S. 188

[180] Vgl. Bühler; Bindl (2012), S. 188

3.3.1.4.1.3 Experteninterviews

Je nach Größe, Komplexität und Risikopotenzial der Verkaufstransaktion können während der Due Diligence Experteninterviews zwischen verschiedenen Unternehmensbereichsleitern des Verkäufers und potenziellen Käufers durchgeführt werden. Weitere Gesprächspartner wären somit z.B. Bereichsleiter, Buchhalter oder Vertriebsleiter, die als interne Informationsquelle hinzugezogen werden.[181] Um eine Verweigerungshaltung der Mitarbeiter des Zielunternehmens gegenüber der Transaktion und eine Abwanderung bestimmter Schlüsselpersonen zu vermeiden, sollte auch im Rahmen der Experteninterviews vertraulich bleiben, dass ein Verkaufsprozess im Gange ist.

3.3.1.4.1.4 Unternehmensbesichtigungen

Durch Unternehmensbesichtigungen kann sich ein potenzieller Käufer vergewissern, dass der Verkäufer im Rahmen des Informationsmemorandums und der Management-Präsentation ein realistisches Gesamtbild des Zielunternehmens gezeichnet hat, und er kann überprüfen, ob die beschriebene Substanz (z.B. Maschinen etc.) auch tatsächlich vorhanden ist. Darüber hinaus kann der Käufer die Unternehmensphilosophie des Verkäufers besser kennenlernen. Bei der Besichtigung der Einrichtungen sollte zudem auf die Infrastruktur und den Zustand der Immobilien geachtet werden. Ferner hat der Käufer während einer Besichtigung die Möglichkeit, die Geschäftsaktivitäten und -abläufe näher zu betrachten und möglicherweise Schwachstellen zu identifizieren, welche die Kosten der Post-Merger-Integration in die Höhe treiben könnten.

3.3.1.4.2 Externe Informationsquellen

Neben den internen Informationsquellen kann der Käufer Informationen über das Zielunternehmen aus öffentlich zugänglichen (externen) Quellen sammeln und auswerten. Externe Informationsquellen sind z.B. Geschäfts- und Quartalsberichte, Kreditratingagenturen, Zeitungen, Börsenreports und Internetquellen. Auch

[181] Vgl. Ernst; Häcker (2011), S. 337

ehemalige Mitarbeiter und Geschäftspartner des Zielunternehmens können wertvolle Informationsquellen darstellen, da diese dem potenziellen Käufer einen tieferen Einblick in das Verkaufsobjekt gewähren können. Weitere externe Quellen sind Hauptkonkurrenten, Lieferanten, Kunden, Banken oder Wirtschaftsprüfer. Diese externen Informationsquellen sind aus Käufersicht sowohl für die Vorbereitung auf die Management-Präsentation sowie auf Experteninterviews als auch für die Prüfung der Verlässlichkeit der erhaltenen Informationen unerlässlich. Auch hier ist unbedingt Vertraulichkeit zu gewähren.

3.3.1.5 Elemente der Due Diligence

Nachdem die wichtigsten Interessensbereiche und die Beteiligten hinsichtlich der Due Diligence bestimmt und die Verantwortlichkeiten den Beteiligten zugeordnet worden sind, kann das Due Diligence-Team mit der jeweiligen Prüfung beginnen.[182] Dabei hängt die Intensität und letztlich das Resultat einer Sorgfaltsprüfung davon ab, ob ein potenzieller Käufer bereits im Vorfeld der M&A-Transaktion fundierte Kenntnis über die Geschäftstätigkeit, den Markt und die regionalen Gepflogenheiten (inkl. nationalem Recht) des Zielunternehmens hat, oder ob es sich um vollkommenes Neuland handelt. Welche einzelnen Elemente der Due Diligence zu welchem Grad ausgeführt werden, wird zusätzlich durch die individuellen Eigenschaften des Zielunternehmens (z.B. Chemiekonzern versus Werbeagentur) beeinflusst.[183]

Zu den wichtigsten Due Diligence-Prüfungen, die im Folgenden ausführlich beleuchtet werden, gehören:

- Strategic Due Diligence
- Financial Due Diligence
- Legal Due Diligence
- Tax Due Diligence

---

[182] Vgl. Ernst; Häcker (2011), S. 343

[183] Vgl. Behringer (2013), S. 150

3.3.1.5.1 Strategic Due Diligence

Die **strategische Due Diligence** ermöglicht dem Kaufinteressenten eine gründliche Prüfung, ob er seine strategischen Ziele bei Durchführung der geplanten Akquisition erreichen kann.

Entgegen den anderen Elementen der Due Diligence, wird hier nicht nach Deal Breakern, sondern nach einer **positiven Begründung** für die Fortführung der M&A-Transaktion („**Deal Maker**") gesucht.[184] Die Strategic Due Diligence leistet einen wichtigen Beitrag, indem sie relevante Informationen liefert, welche die Genauigkeit des geschätzten fairen Marktwerts der Zielgesellschaft verbessern. Im Gegensatz zu den anderen Due Diligence-Prüfungen liegt der Fokus der strategischen Due Diligence auf der zukünftigen Entwicklung des Zielunternehmens und nicht auf den in der Vergangenheit erzielten Ergebnissen.

Die Analyse der historischen Entwicklung und der gegenwärtigen Situation des Zielunternehmens sind Bestandteile der anderen Due Diligence-Prüfungen. Diese zielen hauptsächlich darauf ab, bestimmte Risiken zu erkennen und Informationen einzuholen, um Aussagen über die Angemessenheit der künftigen Ziele des Zielunternehmens treffen zu können. Der größte Teil des fairen Marktwerts eines Unternehmens liegt in der Zukunft (z.B. auf Basis der Discounted-Cash-Flow-Analyse bis zu 80%), dargestellt durch die künftigen Cash Flows und den Terminal Value. Daher ist eine zukunftsorientierte Analyse des Zielunternehmens oder dessen Businessplans von entscheidender Bedeutung.

3.3.1.5.1.1 Beurteilung der Prognosen des Zielunternehmens

Bevor jede einzelne Annahme der Finanzprognose des Verkäufers im Rahmen seines Businessplans untersucht wird, müssen vergangene Prognosen auf ihre Qualität geprüft werden. Hierzu vergleicht man erwartete und realisierte Zahlen des Zielunternehmens miteinander. Je kleiner die Differenz zwischen Soll- und Ist-Ergebnis ausfällt, desto höher ist die Zuverlässigkeit der künftigen Prognosen.

---

[184] Vgl. Behringer (2013), S. 152

3.3.1.5.1.2 Erstellung eines Businessplans

Im Rahmen der Strategic Due Diligence stellt der Businessplan den wesentlichen Untersuchungsgegenstand dar. Dieser beschreibt die Strategie des Managements und beinhaltet zudem die Wertschöpfungsfaktoren des Unternehmens.

Ein gut gestalteter Businessplan besteht aus **mehreren Kategorien**. Als erstes ist festzustellen, in welcher Branche und auf welchem Markt das Unternehmen tätig ist. Die aktuellen oder potenziellen Kunden und deren jeweilige Bedürfnisse müssen identifiziert werden. Der zweite Schritt ist die Bewertung der Branche oder des Marktes, um die kritischen Erfolgsfaktoren für den Zielmarkt zu bestimmen. Der dritte Teil des Businessplans konzentriert sich auf die Stärken und Schwächen des Unternehmens im Vergleich zu den Wettbewerbern. Zudem werden Kernkompetenzen sowie Wettbewerbsvorteile bestimmt.

Im nächsten Schritt wird das Unternehmensleitbild definiert. Dabei werden die Zielmärkte, Vertriebskanäle, die angebotenen Produkte oder Dienstleistungen ermittelt. Ferner werden die strategischen Unternehmensziele festgelegt (z.B. Umsatzwachstumsrate, Marktanteil oder Absatzvolumen). Die Ziele sollten messbar und innerhalb einer gewissen Zeitspanne realisierbar sein. Der letzte Schritt in der Erstellung eines Businessplans besteht darin, eine Strategie zu bestimmen, die am ehesten in der Lage ist, die Unternehmensziele in einer angemessenen Zeitspanne zu erfüllen.[185]

3.3.1.5.1.3 Was passiert mit dem Businessplan?

Das strategische Due Diligence-Team hat die Aufgabe, die zugrundeliegenden Annahmen und Prognosen des Businessplans der Zielgesellschaft zu prüfen. Diese Annahmen und Prognosen betreffen insbesondere Faktoren, die sowohl innerhalb als auch außerhalb der Kontrolle des Verkäufers liegen. Die im Rahmen der Strategic Due Diligence gewonnenen Erkenntnisse resultieren in Änderungen des Businessplans des Verkäufers. Anschließend werden die

---

[185] Vgl. Ernst; Häcker (2011), S. 344

Inhalte dieses adjustierten Businessplans vom Financial Due Diligence-Team final bestätigt. Der Businessplan bildet die Grundlage für die Bestimmung des Akquisitionspreises und die Prüfung, ob die geplante M&A-Transaktion den erwarteten Mehrwert für den Kaufinteressenten generieren kann. Zusammen mit den Informationen aus der Due Diligence, ermöglicht der Businessplan die Festlegung einer Preisspanne für das Zielunternehmen.[186]

3.3.1.5.1.4 Beurteilung des Businessplans

Die Beurteilung des Businessplans umfasst die Analyse des Umfeldes des Zielunternehmens. Im Rahmen der Prüfung wird sowohl der aktuelle Zustand des Zielunternehmens als auch dessen wahrscheinlichste Entwicklung untersucht. Anschließend können die zugrundeliegenden Annahmen des derzeitigen Businessplans des Zielunternehmens hinterfragt werden. Diese Analyse konzentriert sich im Wesentlichen auf Faktoren, die außerhalb des Einflussbereichs der Zielgesellschaft und des Käufers liegen. Betrachtet man das globale Umfeld der Zielgesellschaft, so sind Entwicklungen, die einen direkten Einfluss auf das Unternehmen haben, von entscheidender Bedeutung. Je nach geographischer Ausrichtung müssen sowohl nationale als auch internationale Aspekte berücksichtigt werden. Nachdem der Käufer einen Einblick in den wahrscheinlichen Verlauf der externen Marktfaktoren erhalten hat, sollte er diese Kenntnisse nutzen, um den Businessplan der Zielgesellschaft genau zu prüfen. Das strategische Due Diligence-Team betrachtet jetzt die Wertschöpfungskette des Zielunternehmens. Im Folgenden wird die Prüfung einiger Stufen der Wertschöpfungskette beschrieben:

- ***Die Produktionsverfahren:*** Eine gründliche Untersuchung der Produktionsverfahren liefert wichtige Informationen über zukünftig realisierbare Cash Flows. In einem wettbewerbsintensiven Umfeld ist ein kosteneffizientes Produktionsverfahren von entscheidender Bedeu-

[186] Vgl. Ernst; Häcker (2011), S. 344

tung. Der Kaufinteressent sollte Erkenntnisse darüber erlangen, ob die verfügbaren Kapazitäten und Mitarbeiter in vollem Umfang genutzt werden oder ob noch Überkapazität im Zielunternehmen besteht. Es ist wichtig zu erfahren, ob das Unternehmen über die nötige Kapazität verfügt, um dem prognostizierten Wachstum nachzukommen oder ob potenzielle Engpässe bestehen.[187]

- ***Der Beschaffungsprozess:*** Die Geschäftstätigkeit des Einkaufs und deren Wechselwirkung mit anderen Abteilungen sollten ebenfalls geprüft werden. Die Analyse des Einkaufs sollte aufzeigen, ob das Zielunternehmen über die benötigte Kaufkraft verfügt oder gezwungen ist, ohne Verhandlungsmacht auf die Forderungen der Lieferanten einzugehen.
- ***Das Management und die sonstigen Mitarbeiter:*** Die Leistungsfähigkeit der Mitarbeiter des Zielunternehmens hat einen großen Einfluss auf den Erfolg der M&A-Transaktion. Zudem sollte die Managementsituation des Unternehmens gründlich geprüft werden, insbesondere wenn das Management nach Abschluss der Transaktion im Unternehmen verweilen soll. Es sollten Interviews mit dem Management geführt werden, um deren Haltung gegenüber der Transaktion zu erfahren und die allgemeine Unternehmenskultur besser kennen zu lernen.

3.3.1.5.2 Financial Due Diligence

Die Funktion der **Financial Due Diligence** besteht darin, dem potenziellen Käufer ein genaues und objektives Bild über die Vermögens-, Finanz- und Ertragslage des Zielunternehmens zu liefern.[188]

---

[187] Vgl. Ernst; Häcker (2011), S. 345
[188] Vgl. Wirtz (2012), S. 209

Die Analyse ist dabei sowohl vergangenheits- als auch zukunftsorientiert. Das Financial Due Diligence-Team besteht häufig aus externen Beratern (z.B. Wirtschaftsprüfern). Diese sollen prüfen, ob sämtliche Vermögensgegenstände und das Eigenkapital, wie zuvor vom Verkäufer berichtet, bestehen und ob sowohl die Verbindlichkeiten als auch Rückstellungen korrekt erfasst sowie in der Bilanz angemessen bewertet sind. Zudem zählt zu den Aufgaben des Financial Due Diligence-Teams, die Höhe des nachhaltigen Gewinns und der Cash Flows der letzten Geschäftsjahre, auf der Grundlage der Gewinn- und Verlustrechnung des Zielunternehmens, zu bestimmen.

3.3.1.5.2.1 Prüfung des internen Kontrollsystems

Um eine Aussage über die Qualität der Geschäftsberichte des Verkäufers treffen zu können, muss der Kaufinteressent die Stärke des internen Kontrollsystems der Zielgesellschaft bewerten.[189] Zum internen Kontrollsystem gehören vor allem Rechnungsführungs-, Kostenrechnungs- und IT-Systeme. Verfügt das Unternehmen über ein starkes internes Kontrollsystem, so fällt das Risiko von Post-Merger-Integration-Problemen wesentlich geringer aus.

3.3.1.5.2.2 Prüfung von Unternehmensberichten

Die Prüfung der Jahresabschlüsse als auch der Monatsabschlüsse der letzten Jahre ist der wichtigste Faktor einer Financial Due Diligence. Es geht aus Käufersicht hauptsächlich darum, zu begreifen, ob die geplante Entwicklung der Zielgesellschaft sinnvoll begründet werden kann. In Anbetracht dessen ist es notwendig, relevante Kennzahlen anhand der Bilanz sowie der Gewinn- und Verlustrechnung zu ermitteln. Erstere geben Auskunft über die Vermögensverhältnisse und letztere über den aktuellen Stand des Unternehmens. Der Kaufinteressent sollte sich dabei stets über mögliche Schwächen der Finanzunterlagen des Zielunternehmens im Klaren sein. Für eine Financial Due Diligence werden Daten aus folgenden Quellen herangezogen:

---

[189] Vgl. Ernst; Häcker (2011), S. 349

- Jahresabschlüsse
- Quartalszahlen
- Budgetplanung
- Strategische Planung
- 5-Jahresplanung
- Prüfungsberichte

3.3.1.5.3 Legal Due Diligence

Die **Legal Due Diligence** dient der Absicherung gegenüber potenziellen rechtlichen Verpflichtungen eines potenziellen Käufers und rundet zudem die wirtschaftliche Rahmenbetrachtung ab, die zur Bestimmung des Wertes und der Profitabilität des Zielunternehmens dient.

Es ist besonders wichtig, zu hinterfragen, ob die wirtschaftlichen Aktivitäten auf eine rechtlich unanfechtbare Weise ausgeübt werden.[190] Daher sollte vom Kaufinteressenten bzw. dessen juristischen Beratern geprüft werden, ob das Zielunternehmen verdeckten Haftungsrisiken ausgesetzt ist und ob im Hinblick auf einen gewünschten Transaktionsabschluss etwaige Probleme mit dem Kartellgesetz bestehen könnten. Im Zuge der Legal Due Diligence bei internationalen Unternehmenstransaktionen[191] sind spezialisierte Rechtsanwaltskanzleien mit profundem Know-how des jeweils nationalen Rechts als M&A-Berater für einen Kaufinteressenten unabdingbar.

Bei der Due Diligence spielt die Rechtsprüfung eine wesentliche Rolle. Durch die rechtliche Prüfung beurteilt der Käufer unter anderem, ob die Zielgesellschaft rechtliche Fragestellungen mit

---

[190] Vgl. Ernst; Häcker (2011), S. 353

[191] Internationale Unternehmenstransaktionen werden auch als „Cross-Border-Transaktionen“ bezeichnet. Sie sind dadurch gekennzeichnet, dass das Käufer- und das Verkäuferunternehmen aus jeweils unterschiedlichen Ländern stammen.

Kompetenz und Vorsicht angeht. Die rechtliche Due Diligence konzentriert sich auf folgende Hauptbereiche:

- Rechtsgrundlage
- Rechtliche Risiken
- Interne Rechtsverhältnisse
- Externe Rechtsverhältnisse

3.3.1.5.3.1 Die Rechtsgrundlage

Das Legal Due Diligence-Team prüft die Rechtspersönlichkeit des Unternehmens, die Existenz einer soliden und durchsetzbaren Partnerschaft, die aktuellen Auszüge des Handelsregisters, die Beteiligung von Dritten und die internen Vorschriften.

3.3.1.5.3.2 Rechtliche Risiken

Für den potenziellen Erwerber können sowohl bestehende und drohende Rechtsstreitigkeiten als auch wichtige Verträge rechtliche Risiken darstellen. Hinsichtlich der Verträge wird untersucht, ob und für wie lange der potenzielle Käufer nach der Transaktion noch an bestehende Verträge des Zielunternehmens gebunden sein wird. Besonders wichtig ist die Untersuchung der arbeitsrechtlichen Bestimmungen, wie z.B. Betriebsvereinbarungen, Gewerkschaften innerhalb des Unternehmens oder Tarifvereinbarungen.[192]

3.3.1.5.3.3 Interne Rechtsverhältnisse

Die wichtigsten internen Rechtsverhältnisse stellen die Arbeitsverträge mit Mitarbeitern und Führungskräften dar. Der Käufer prüft die Art und Weise, wie Arbeitsverträge aufgelöst werden könnten und das Ausmaß daraus resultierender Kosten (z.B. Abfindungszahlungen).[193] Einerseits ist es wichtig zu klären, dass keine bevorstehenden ordentlichen Kündigungen bestimmter Schlüsselpersonen im Zielunternehmen vorgesehen sind. Andererseits sollten zu

---

[192] Vgl. Ernst; Häcker (2011), S. 353

[193] Vgl. Ernst; Häcker (2011), S. 354

lange Beziehungen vermieden werden, so dass die Schlüsselkräfte eine gewünschte oder notwendige Veränderung durch den Käufer nicht unnötig erschweren oder verteuern. Entdeckt der Käufer während der Legal Due Diligence einen bevorstehenden unvorteilhaften Personalwechsel, so wird er eine Gewährleistungspflicht im Kaufvertrag vereinbaren wollen, die den potenziellen Erwerber bei einer nachteiligen Änderung des Personals zu einer Entschädigungsleistung durch den Verkäufer verpflichtet.

3.3.1.5.3.4 Externe Rechtsverhältnisse

Die externe Rechtsstruktur besteht aus Standardverträgen für sich wiederholende Geschäftstätigkeiten. Dazu gehören Standardarbeitsverträge oder die Allgemeinen Geschäftsbedingungen. Ferner sind Kooperationsvereinbarungen, Großaufträge, Nutzungsrechte, wesentliche Leasingverträge, Versicherungen und Patente zu sichten.

3.3.1.5.4 Tax Due Diligence

Gegenstand der **Tax Due Diligence** ist die Prüfung der steuerlichen Verhältnisse des Zielunternehmens und die Identifikation steuerlicher Risiken.[194]

Die Entscheidung für oder gegen einen Unternehmenskauf beruht oftmals nicht auf steuerlichen Zielsetzungen seitens des Kaufinteressenten. Trotzdem sind steuerliche Aspekte von Bedeutung, da sie eine große finanzielle Bedeutung haben und gleichzeitig ein gewisses Maß an Gestaltungsfreiheit aufweisen.

Die Legal Due Diligence verfolgt ein wesentliches Ziel. Steuerliche Risiken aus den Vorjahren des Zielunternehmens, die den potenziellen Erwerber im Anschluss an die M&A-Transaktion möglicherweise zu finanziellen Verbindlichkeiten gegenüber den Steuerbehörden verpflichten, sollen aufgedeckt werden. Insoweit ähnelt die steuerliche Due Diligence einer frühen Betriebsprüfung. Sie geht jedoch darüber hinaus und verringert die Post-Merger-Integration-Risiken bezüglich der Insolvenz und Haftung, indem

---

[194] Vgl. Behringer (2013), S. 157

sie die steuerlichen Aufwendungen aus der Akquisition und des Verkaufs eines anderen Unternehmens oder seiner Vermögenswerte verringert.[195]

Die Grundlage für eine steuerliche Due Diligence bilden folgende Dokumente:

- Steuererklärungen aus den Vorjahren
- Berichte von Betriebsprüfungen
- Finanzplanungen
- Vereinbarungen mit den Finanzbehörden

3.3.1.6 Unterschiede bei der Due Diligence für mittelständische Unternehmen und Großunternehmen

Die Due Diligence-Phase einer M&A-Transaktion verläuft auf der übergeordneten Ebene für Mid-Cap- und Large-Cap-Transaktionen ähnlich. Es lassen sich jedoch mehrere Unterschiede beim Abtauchen in die Detailebene feststellen.

Während die Motive zur Implementierung einer Due Diligence sowohl für ein mittelständisches, als auch für ein großes Zielunternehmen dieselben sind, lässt sich bereits bei den Schlüsselfunktionen einer Sorgfaltsprüfung eine Divergenz feststellen. Mit Blick auf die **Informationsasymmetrien** zwischen Verkäufer und potenziellen Käufern kommt deren Reduzierung für mittelständische Zielunternehmen eine besonders hohe Bedeutung zu. Viele Mittelständler unterliegen aufgrund ihrer Rechtsformwahl und weiterer Faktoren geringeren Publizitätspflichten als Großunternehmen. Somit kann sich ein Kaufinteressent anhand öffentlich zugänglicher Informationen im Vergleich zu Großunternehmen ein weniger vollständiges Bild über ein mittelständisches Unternehmen machen. Als Resultat sollte der Reduzierung von Informationsasymmetrien bei mittelständischen Zielunternehmen besondere Beachtung geschenkt wer-

---

195 Vgl. Ernst; Häcker (2011), S. 355

den. Aber auch Großunternehmen sollten an einem weitgehenden Abbau bestehender Informationsasymmetrien interessiert sein.

Anhand der **Management-Präsentation** lässt sich ein weiterer Unterschied zwischen Mittelstand und Großunternehmen feststellen. Vor allem im unteren Mittelstandssegment liegt häufig kein **Businessplan** vor und die **Managementebene** besteht aus einigen wenigen geschäftsführenden Gesellschaftern. Im Rahmen der Management-Präsentation kann es von großer Bedeutung sein, dass die Strategie für die nächsten Geschäftsjahre, die oft nur in den Köpfen der Unternehmer ruht, den potenziellen Käufern nachvollziehbar beschrieben wird. Bei Großunternehmen stellt sich die Situation abweichend dar. Während der Management-Präsentation stellt sich i.d.R. die erste und zweite Managementebene sowie weitere Führungspersonen (z.B. Vertriebsleiter und der Leiter des Rechnungswesens) persönlich vor.[196] Zudem kommt der Management-Präsentation bei vielen Großunternehmen eine weitere Funktion zu. Plant das bestehende Management, das i.d.R. nicht aus Gesellschaftern besteht, nach der Transaktion im Unternehmen zu verbleiben, so muss es während der Präsentation seine Expertise und seinen Wert für das Unternehmen besonders unterstreichen. Hingegen wechselt bei zahlreichen mittelständischen Zielunternehmen die Managementebene nach Transaktionsabschluss, da häufig die Geschäftsführung in den Händen einiger Gesellschafter lag und diese, nachdem sie anhand des Kaufpreises ausbezahlt wurden, aus dem Zielunternehmen ausscheiden.

Betrachtet man den Datenraum, so lassen sich weitere Unterschiede zwischen Mid-Cap- und Large-Cap-Transaktionen feststellen. Die Erfahrung des Verkäufers im Zusammenhang mit Mergers & Acqusitions spielt auch in puncto Datenraum eine große Rolle. Während Großunternehmen über umfangreichere Mitarbeiterressourcen und nicht selten über eigene M&A-Abteilungen verfügen, die auf eine Datenraumanfrage und die damit verbundene **Informationsbereitstellung** versiert reagieren können, kann sich die Situation vor allem im unteren und mittleren Mittelstandssegment abweichend darstellen. Mittelständische Unternehmen verfügen i.d.R. über ge-

---

[196] Vgl. Exler (2006), S. 31

ringere Mitarbeiterressourcen und keine interne M&A-Abteilung. Alle diese Faktoren können dazu beitragen, dass ein mittelständisches Zielunternehmen aufgrund der geringeren M&A-Erfahrung und des hohen Arbeitsaufwands von einer Datenraumanfrage sowie der daraus resultierenden Informationsbereitstellung überfordert wird. Es ist für mittelständische Zielunternehmen deshalb umso wichtiger, dass der M&A-Berater seinen Mandanten frühzeitig anhand von Checklisten auf die Datenbereitstellung für den Datenraum einstellt. Ein weiterer Unterschied zwischen Mittelständler und Großunternehmen hinsichtlich des Datenraums lässt sich anhand der **Datenraumgröße** erkennen. Großunternehmen verfügen häufig über umfangreichere Geschäftstätigkeiten, Mitarbeiterressourcen, (nationale und internationale) Standorte, Lieferanten- und Kundenstrukturen, Jahresabschlüsse, Quartalsberichte, Planungen etc. als mittelständische Zielunternehmen. Als Resultat steigt bei größeren und damit regelmäßig komplexeren Unternehmenstransaktionen der Umfang des Datenraums, da vom Verkäufer wesentlich mehr transaktionsrelevante Dokumente eingestellt werden können. Richtet man das Hauptaugenmerk auf den Mittelstand, so spielt für viele mittelständische Unternehmer ein hohes Maß an Vertraulichkeit und Geheimhaltung eine entscheidende Rolle in ihrem Geschäftsalltag. Daraus lässt sich eine gewisse abweisende Haltung gegenüber einer vollkommenen Informationstransparenz und damit der Dokumentenbereitstellung feststellen. Die **Abwehrhaltung** verstärkt sich noch deutlich, wenn im Kreis der potenziellen Käufer direkte Wettbewerber des Zielunternehmens vertreten sind. Egal ob mittelständisches Unternehmen oder Großunternehmen, beide sollten sich stets vor Augen halten, dass eine reduzierte Due Diligence und ein dezimierter Datenraum im Rahmen der folgenden Vertragsverhandlungen in umfangreichen Garantien und Gewährleistungen durch den Verkäufer münden werden.

Um der Gefahr des Missbrauchs vertraulicher Informationen vorzubeugen, ist es in der Praxis durchaus üblich, die Due Diligence in mehreren Phasen durchzuführen. Das bedeutet, dass in Datenraumphase 1 Informationen zur Verfügung gestellt werden, deren Kenntnis bei einem Verhandlungsabbruch zu keinen negativen Folgen für das Zielunternehmen führen würde. Mit zunehmender Verhandlungsdauer und steigender Erfolgswahrscheinlichkeit werden in weiteren Datenraumphasen dann vertraulichere Informationen vermittelt.

Mit zunehmender Komplexität und Größe einer M&A-Transaktion lässt sich eine Abweichung der in den Due Diligence-Prozess involvierten Berater seitens der Kaufinteressenten feststellen. Bei Large-Cap-Transaktionen sind auf Käuferseite regelmäßig die größten und namhaftesten Wirtschaftsprüfungsgesellschaften (Big Four), Rechtsanwaltskanzleien etc. an der Prüfung des Zielunternehmens beteiligt. Generell wird bei großen Transaktionen mit einem breiteren Beraterstab an die Due Diligence herangegangen. Bei kleineren Zielunternehmen wird oftmals mit weniger Beratern und zudem nicht mit den „bekanntesten" Beratungsunternehmen für die einzelnen Elemente der Due Diligence gearbeitet.

Während Großunternehmen i.d.R. einen ausführlichen Businessplan, diverse Geschäftsberichte und Plandaten vorzeigen können, kristallisiert sich im unteren Mittelstandssegment ein anderes Bild heraus. Dort liegen regelmäßig keine fundierten Businesspläne sowie Planungsangaben zur Gewinn- oder Cash-Flow-Entwicklung vor. Anhand dieser Umstände fällt es einem Kaufinteressenten schwerer, den strategischen Fit zwischen dem Zielunternehmen und seinem eigenen Unternehmen umfangreich zu bewerten. Die **Strategic Due Diligence** für ein kleines mittelständisches Zielunternehmen wird einem potenziellen Käufer also oftmals erschwert. Bei vielen eigentümergeführten mittelständischen Zielunternehmen sollte im Rahmen der Strategic Due Diligence geprüft werden, ob eine hohe Abhängigkeit von einzelnen Kunden ausgeht und speziell ob bestimmte Großkundenverträge in starkem persönlichen Zusammenhang mit dem Unternehmer vergeben werden. Dies wäre ein wertmindernder Einflussfaktor, da ein Kaufinteressent Gefahr läuft, dass nach der Akquisition und dem Ausscheiden des bisherigen Unternehmers mehrere umsatzstarke Kunden abwandern. Im überwiegend eigentümergeführten Mittelstand muss also im Gegensatz zu managementgeführten Großunternehmen besonders gründlich geprüft werden, ob eine starke **Personenzentriertheit** vom Unternehmer ausgeht oder ob ein breites Verantwortungsnetz im Zielunternehmen besteht.

Großunternehmen verfügen i.d.R. über leistungsfähige **Rechnungswesen-, Controlling- und IT-Systeme**. Vor allem im unteren Mittelstandssegment ist dies häufig nicht der Fall. Aus diesem Grund sollte im Rahmen der Financial Due Diligence eines kleineren mittelständischen Zielunternehmens untersucht werden, auf welchem Stand sich die Systeme befinden und welche Anpassungskosten im Rahmen der Post-Merger-Integration-Phase erwartet werden können.

3.3.1.7 Checkliste: Due Diligence

Checkliste: Due Diligence

- ☑ Die Due Diligence ist eine systematische Analyse des Zielunternehmens durch einen potenziellen Käufer im Vorfeld einer Kaufvertragsunterzeichnung.
- ☑ Motive für die Durchführung einer Due Diligence:
  - ☑ Beurteilung der Wirtschaftlichkeit und Durchführbarkeit der Transaktion
  - ☑ Identifizierung der Schwächen und Risiken des Zielunternehmens
  - ☑ Erhalt von Prognosen der relevanten Finanzkennziffern und Unternehmensdaten
- ☑ Schlüsselfunktionen einer Due Diligence:
  - ☑ Reduzierung von Informationsasymmetrien
  - ☑ Identifikation und Überprüfung von Synergiepotenzialen
  - ☑ Verbindung zwischen strategischer Planung und Post-Merger-Integration (PMI)
- ☑ Neben den externen Informationsquellen gibt es wichtige interne Informationsquellen im Rahmen einer Due Diligence:
  - ☑ Management-Präsentation
  - ☑ Datenraum (wichtigste Informationsquelle im Rahmen einer DD)

- ☑ Experteninterviews
- ☑ Unternehmensbesichtigungen

☑ Zu den wichtigsten Elementen der Due Diligence gehören:

- ☑ **Strategic Due Diligence**
  Gründliche Prüfung, ob der Kaufinteressent seine strategischen Ziele anhand der Akquisition erreichen kann (Strategic Fit). Wichtigster Prüfungsgegenstand ist der Businessplan des Zielunternehmens. Gesucht werden Deal Maker.
- ☑ **Financial Due Diligence**
  Ermittlung eines genauen und objektiven Bildes über die aktuelle und zukünftige Vermögens-, Finanz- und Ertragslage des Zielunternehmens. Gesucht werden Deal Breaker.
- ☑ **Legal Due Diligence**
  Identifikation sämtlicher rechtlicher Risiken. Dient der Absicherung gegenüber potenziellen Rechtsverpflichtungen, die aus der Akquisition resultieren. Gesucht werden Deal Breaker.
- ☑ **Tax Due Diligence**
  Prüfung der steuerlichen Verhältnisse des Zielunternehmens und Identifikation steuerlicher Risiken. Gesucht werden Deal Breaker.

3.3.2 Unternehmensbewertung

Im Rahmen von Mergers & Acquisitions wird **Unternehmensbewertungen** eine wichtige Rolle zugesprochen. Aus Verkäufersicht führen häufig Investmentbanken bzw. M&A-Boutiquen eine Unternehmensbewertung des Verkaufsobjekts im Vorfeld des Beauty Contests oder direkt zu Transaktionsbeginn durch. Auch die kontaktierten Kaufinteressenten bzw. deren M&A-Berater werden nach Erhalt des Informationsmemorandums eine erste indikative Unternehmensbewertung des Zielunternehmens durchführen, die sie nach der Due Diligence-Phase weiter verfeinern können.

Eine **Unternehmensbewertung** dient der Ermittlung des Marktwerts des Eigenkapitals des zum Erwerb stehenden Unternehmens.

Es gibt Gründe auf beiden Verhandlungsseiten, die eine Unternehmensbewertung in einem M&A-Prozess unabdingbar machen. Einerseits möchte ein Unternehmensverkäufer wissen, in welcher **Wertspanne** sich sein Unternehmen bewegt und welcher gebotene Kaufpreis angemessen bzw. attraktiv ist. Andererseits ist auch ein potenzieller Erwerber an der marktgerechten Unternehmenswertspanne des Zielunternehmens interessiert, um seinen maximalen Kaufpreis zu bestimmen. Im Rahmen einer M&A-Transaktion möchte der Verkäufer also nicht zu wenig Geld für sein Unternehmen erhalten und der Käufer nicht zu viel dafür bezahlen. Es ist wichtig, ein Verständnis dafür zu entwickeln, dass es den einen universellen Unternehmenswert für ein bestimmtes Zielunternehmen zu einem bestimmen Zeitpunkt nicht gibt. Als Ergebnis einer Unternehmensbewertung stellt sich immer eine, je nach Betrachter abweichende, Unternehmenswertspanne heraus (z.B. Enterprise Value = 45 bis 53 Mio. Euro), die als Entscheidungsbasis fungiert. Zum einen liegt der Grund für dieses Intervall darin, dass im Rahmen einer Unternehmensbewertung mehrere **verschiedene Bewertungsverfahren** angewendet werden, die alle zu leicht bis stärker abweichenden Unternehmenswerten führen. Zum anderen wird für jedes einzelne Bewertungsverfahren am Ende der Bewertung auf den errechneten Unternehmenswert z.B. bei den Multiplikatorenverfahren ein Auf- und Abschlag von +/- 10 Prozent hinzugerechnet bzw. bei den DCF-Verfahren eine Sensitivitätsanalyse durchgeführt.

Der berechnete **Unternehmenswert** wird in Fachkreisen auch als **Enterprise Value** (Gesamtunternehmenswert des operativen Geschäfts) oder **Entity Value** (Enterprise Value + nicht-betriebsnotwendiges Vermögen) bezeichnet. Er setzt sich zusammen aus dem gesuchten Marktwert des Eigenkapitals („**Equity Value**“) und den Nettofinanzverbindlichkeiten („**Net Debt**“).

Im Folgenden werden die im Rahmen einer M&A-Transaktion praxisrelevanten Bewertungsmethoden vorgestellt (siehe Abbildung 3-4).

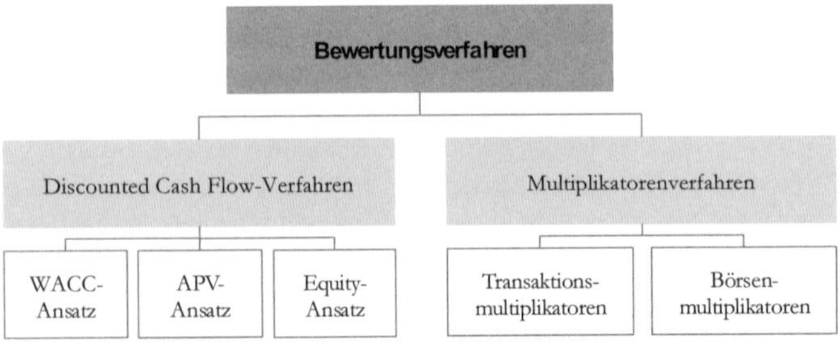

Abbildung 3-4: Bewertungsverfahren[197]

3.3.2.1 Discounted-Cash-Flow-Verfahren

In der Praxis werden die Discounted-Cash-Flow-Verfahren (DCF-Verfahren) als die relevantesten Bewertungsverfahren angesehen.

Bei dem **Discounted-Cash-Flow-Verfahren** wird der zu ermittelnde Unternehmenswert aus der zukünftigen Ertragskraft des Zielunternehmens abgeleitet. Die DCF-Methode interpretiert den Enterprise Value als die Summe der auf die Gegenwart abgezinsten zukünftig zu erwartenden Cash Flows des Unternehmens.[198]

Die Cash Flows werden dabei nur für einen bestimmten Zeitraum von oftmals fünf Jahren im Detail geplant. Man bezeichnet diese Zeitspanne als **Detailplanungsperiode**. Für die Zeit nach der Detailplanung wird der sogenannte **Terminal Value** (Restwert oder Fortführungswert des Unternehmens) als ewige Rente eines nachhaltig realisierbaren Cash Flows ermittelt. Wesentliche Werttreiber im Rahmen einer DCF-Analyse sind die Prognose der zukünftigen Zahlungsströme und Annahmen des Diskontierungszinssatzes.[199]

---

[197] Quelle: Eigene Darstellung

[198] Vgl. Trunk (2010), S. 105

[199] Vgl. Ernst; Schneider; Thielen (2012), S. 27

Nachfolgend werden der WACC-Ansatz, der Adjusted-Present-Value-Ansatz (APV-Ansatz) und der Equity-Ansatz (Nettoansatz) vorgestellt.

3.3.2.1.1 WACC-Ansatz

Der WACC-Ansatz stellt die am **weitesten verbreitete Bewertungsmethode** dar. „Bei diesem Ansatz werden die Zahlungsüberschüsse ermittelt, die zur Befriedigung der Ansprüche aller Kapitalgeber – also sowohl der Eigen- als auch der Fremdkapitalgeber – zur Verfügung stehen".[200] Zu den Fremdkapitalgebern zählen die Bereitsteller von zinstragendem Fremdkapital. Bei den Zahlungsströmen handelt es sich demnach um Cash Flows vor Abzug von Zins- und Tilgungszahlungen. Die Ertragssteuer, die sich aus der Fremdfinanzierung ergibt, wird hierbei nicht berücksichtigt. Die für den WACC-Ansatz relevanten Cash Flows werden als **operative Free Cash Flows**[201] (oFCF) bezeichnet. Diese sind finanzierungsneutral und damit unabhängig von der Finanzierungsstruktur des Unternehmens. Die Auswirkung der **Kapitalstruktur** auf den Unternehmenswert findet im Diskontierungszinssatz Berücksichtigung.

Die operativen Free Cash Flows werden mit einem Zinssatz abgezinst, welcher die Renditeansprüche sowohl der Eigenkapitalgeber als auch der Fremdkapitalgeber berücksichtigt. Die Eigen- und Fremdkapitalkosten werden dabei entsprechend ihrem Verhältnis zum Gesamtkapital gewichtet. Zu beachten ist, dass die Gewichtung nicht auf Basis von Buchwerten, sondern von **Marktwerten** erfolgt. Der auf diese Weise ermittelte Abzinsungsfaktor wird als gewichtete durchschnittliche Kapitalkosten oder auch **„Weighted Average Cost of Capital"** (WACC)[202] bezeichnet. Der Steuervorteil („Tax Shield"), der durch die Abzugsfähigkeit von Fremdkapitalzinsen entsteht, wird im WACC ebenfalls berücksichtigt.

---

[200] Ernst; Schneider; Thielen (2012), S. 28

[201] Die Berechnung der operativen Free Cash Flows kann dem Anhang 2 entnommen werden.

[202] Die Berechnung des Mischzinssatzes (WACC) kann dem Anhang 3 entnommen werden.

Da bei allen DCF-Verfahren nur die betriebsnotwendigen Überschüsse bei der Diskontierung berücksichtigt werden, muss der Marktwert des **nicht-betriebsnotwendigen Vermögens** inkl. Kasse separat ermittelt und zum Barwert der operativen Free Cash Flows hinzuaddiert werden. Als Ergebnis erhält man den Marktwert des Gesamtkapitals bzw. den Entity Value. Um den Marktwert des Eigenkapitals (Equity Value) zu erhalten, sind noch die Nettofinanzverbindlichkeiten (Net Debt)[203] abzuziehen.[204]

3.3.2.1.2 Adjusted-Present-Value-Ansatz

Bei diesem Ansatz werden entsprechend zum WACC-Ansatz die Cash Flows ermittelt und abgezinst, die zur Befriedigung der Eigen- und Fremdkapitalgeber dienen. Der Unterschied zum Entity-Ansatz liegt in der unterschiedlichen Betrachtung der Auswirkung der **Kapitalstruktur** auf den Unternehmenswert. Beim APV-Ansatz berechnet man den Unternehmenswert, indem man von einem vollständig eigenfinanzierten Unternehmen ausgeht. Demnach werden die operativen Free Cash Flows lediglich mit den Renditeansprüchen der Eigenkapitalgeber für das (fiktiv) unverschuldete Unternehmen abgezinst und die Verschuldung wird zunächst unberücksichtigt gelassen.

Den **Marktwert des (fiktiv) unverschuldeten Unternehmens** erhält man, indem zum ermittelten Barwert der oFCF der Marktwert des nicht-betriebsnotwendigen Vermögens inkl. Kasse hinzugerechnet wird.

Zur Bestimmung des Marktwertes des Gesamtkapitals des verschuldeten Unternehmens muss an dieser Stelle der Barwert des **Tax Shield** hinzuaddiert werden. In dem Tax Shield wird der Effekt der Fremdfinanzierung des Unternehmens berücksichtigt. Das Tax Shield gleicht dabei der Steuerersparnis dank der steuerlichen Abzugsfähigkeit der Fremdkapitalzinsen. Beim APV-Ansatz

---

[203] Die Berechnung der Nettofinanzverbindlichkeiten (Net Debt) kann dem Anhang 4 entnommen werden.

[204] Vgl. Ernst; Schneider; Thielen (2012), S. 27 ff.

wird der Effekt des Tax Shield also isoliert und nicht wie beim Entity-Ansatz im Rahmen der WACC-Ermittlung berücksichtigt.

Um nun den Marktwert des Eigenkapitals zu ermitteln, ist der Marktwert der zinstragenden Verbindlichkeiten vom Marktwert des Gesamtkapitals des verschuldeten Unternehmens abzuziehen.[205]

3.3.2.1.3 Equity-Ansatz

Beim Equity-Ansatz werden diejenigen Zahlungsüberschüsse ermittelt, die lediglich den Eigenkapitalgebern zur Verfügung stehen. Im Rahmen des Equity-Verfahrens werden die sich aus der Fremdfinanzierung ergebenden Cash Flows, entgegen der Berechnung der oFCF beim Entity-Ansatz, direkt in die Cash-Flow-Berechnung einbezogen. Diese Cash Flows werden als **Cash Flow to Equity** (CFtE)[206] bezeichnet. Die Abzinsung der Cash Flows to Equity erfolgt ausschließlich mit den Eigenkapitalkosten und nicht mit einem gewogenen Kapitalkostensatz.

Im Gegensatz zum Entity-Verfahren wird beim Equity-Verfahren der **Marktwert des Eigenkapitals** direkt ermittelt, indem die Summe aus dem ermittelten Barwert der Flows to Equity und dem Marktwert des nicht-betriebsnotwendigen Vermögens inkl. Kasse gebildet wird.[207]

3.3.2.1.4 Stärken und Schwächen der Discounted-Cash-Flow-Verfahren

Ein wesentlicher Vorteil der DCF-Verfahren ist die **Zukunftsorientierung** bei der Unternehmenswertbestimmung. Der ermittelte Unternehmenswert basiert nicht auf der Vergangenheit, sondern wird aus der zukünftigen **Ertragskraft des Zielunternehmens** abgeleitet. Es werden beispielsweise auch mögliche Marktwachstums- oder Ertragssteigerungsszenarien hinsichtlich des zu bewertenden Unternehmens berücksichtigt.

---

[205] Vgl. Ernst; Schneider; Thielen (2012), S. 29 f.

[206] Die Berechnung der Cash Flows to Equity kann dem Anhang 5 entnommen werden.

[207] Vgl. Ernst; Schneider; Thielen (2012), S. 30 f.

Ein weiterer Vorteil der DCF-Verfahren ist die Berücksichtigung der **Bereinigung** von außerordentlichen Erträgen und Aufwendungen. Der Unternehmenswert soll auf der nachhaltig realisierbaren zukünftigen Ertragskraft des zu bewertenden Unternehmens beruhen, weshalb bei der Berechnung einmalige Ereignisse bereinigt werden.

Der im Rahmen der DCF-Verfahren ermittelte Unternehmenswert basiert stark auf getroffenen **Annahmen** über das zu bewertende Unternehmen, z.B. hinsichtlich der Kapitalkosten und der prognostizierten Cash Flows. Eine leichte Änderung der getroffenen Annahmen kann zu einer erheblichen Änderung des Unternehmenswerts führen. Der Unternehmenswert reagiert im Rahmen von DCF-Bewertungen also äußerst sensibel auf Veränderungen. Genau aus diesem Grund empfiehlt es sich, am Ende einer DCF-Bewertung eine sogenannte **Sensitivitätsanalyse** durchzuführen. Diese zeigt, welcher Unternehmenswert sich für das zu bewertende Unternehmen unter verschiedenen Annahmen, wie z.B. einer Veränderung des WACC, des Umsatzwachstums, der Ertragsmargen etc., einstellen würde.

Zudem ist die **Unsicherheit** bezüglich der getroffenen Zukunftsprognosen über das Zielunternehmen und die Marktentwicklung (z.B. Umsatz- oder Gewinnwachstum, konjunkturelle Situation, Inflation etc.) ein weiterer Nachteil der DCF-Verfahren. Auch der wesentlich höhere **Zeitaufwand** zur Durchführung einer DCF-Bewertung und die technische Komplexität dieser Bewertungsverfahren können als Nachteile gegenüber anderen Bewertungsmethoden angesehen werden.

3.3.2.2 Multiplikatorenverfahren

Die Multiplikatorenverfahren sind die zweitwichtigsten Bewertungsverfahren in der Praxis.

Bei den **Multiplikatorenverfahren** wird der gesuchte Wert des zu bewertenden Unternehmens anhand von Multiplikatoren („Multiples“) ermittelt. Diese sind aus den öffentlich bekannten Marktwerten anderer mit dem Zielunternehmen vergleichbarer Unternehmen abgeleitet.

Den Multiplikatorenverfahren liegt dabei die Annahme zugrunde, dass ähnliche Unternehmen auch annähernd gleich bewertet werden wie das zu bewertende Unternehmen.[208]

3.3.2.2.1 Equity-Value- und Enterprise-Value-Multiplikatoren

Multiples können, je nach ihrer Bezugsgröße, in Equity-Value- und Enterprise-Value-Multiplikatoren unterteilt werden (siehe Abb. 3-5).

Anhand der **Equity-Value-Multiplikatoren** wird der Marktwert des Eigenkapitals (EqV) des Zielunternehmens ermittelt. Somit sollte die Bezugsgröße eine um das Zinsergebnis bereinigte Finanzkennzahl sein. Einige Equity-Value-Multiplikatoren sind nachfolgend aufgelistet:

- EqV/Gewinn vor Steuern
- EqV/Jahresüberschuss (bzw. Price/Earnings)

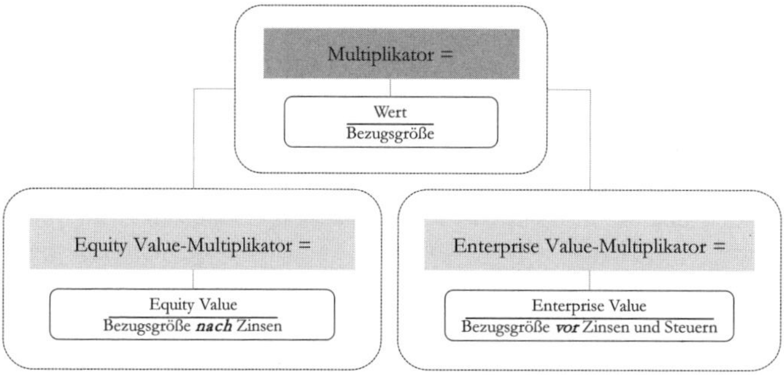

Abbildung 3-5: Bewertungsmultiplikatoren[209]

Anhand der **Enterprise-Value-Multiplikatoren** wird der Gesamtwert (EV) des Zielunternehmens, also der Marktwert des Eigen-

[208] Vgl. Ernst; Schneider; Thielen (2012), S. 189
[209] Quelle: Eigene Darstellung

und Fremdkapitals, berechnet. Somit sollte die Bezugsgröße eine Finanzkennzahl vor Zinsen und Steuern sein. Einige Enterprise-Value-Multiplikatoren sind nachfolgend aufgelistet:

- EV/Umsatz
- EV/EBITDA
- EV/EBIT

Enterprise-Value-Multiplikatoren haben gegenüber Equity-Value-Multiplikatoren den Vorteil, dass sie nicht durch die jeweilige **Finanzierungsstruktur** des Unternehmens beeinflusst werden. Demgegenüber sind Equity-Value-Multiplikatoren leichter zu berechnen. Der Grund hierfür liegt darin, dass der Marktwert des Eigenkapital (Equity Value) eines börsennotierten Unternehmens direkt an der **Marktkapitalisierung**, d.h. dem Produkt aus Aktienkurs und Aktienanzahl, abgelesen werden kann. Dies ist beim Enterprise Value bzw. Gesamtwert des Unternehmens nicht der Fall.

Um vom Equity Value zum Enterprise Value zu gelangen, muss dem Marktwert des Eigenkapitals das Net Debt hinzuaddiert werden.[210]

3.3.2.2.2 Börsen- und Transaktionsmultiplikatoren

Neben der Art eines Multiples (z.B. Equity Value oder Enterprise Value) unterscheidet man weiterhin zwischen zwei Verfahren zur Ermittlung von Multiplikatoren:

- Börsenmultiplikatoren-Verfahren („Comparable Companies Analysis")
- Transaktionsmultiplikatoren-Verfahren („Comparable Transactions Analysis")

3.3.2.2.2.1 Börsenmultiplikatoren-Verfahren

Börsenmultiplikatoren („Trading Multiples") geben Auskunft darüber, wie viel das zu bewertende Unternehmen an einem be-

---

[210] Vgl. Mohr; Bärtl (2012), S. 268

stimmten Stichtag an der Börse Wert wäre, wenn man es mit ähnlichen börsennotierten Unternehmen vergleicht.

Demnach basieren sie auf einem Vergleich des zu bewertenden Unternehmens mit aktuellen Multiples-Bewertungen ähnlicher Unternehmen an der Börse.

Vorgehensweise zur Bestimmung der Börsenmultiplikatoren:

Allgemein folgt die Bewertung eines Unternehmens mithilfe von Börsenmultiplikatoren einem simplen Schema. Zuerst werden vergleichbare börsennotierte Unternehmen (Vergleichsunternehmen) gesucht und in einer „**Peer Group**" zusammengetragen. Dies erfolgt meist in einer MS-Excel-Tabelle. Die Vergleichsunternehmen sollten dabei dem zu bewertenden Unternehmen in puncto Geschäftstätigkeit, Kosten- und Ertragsstruktur, Verschuldungsgrad, Wertschöpfungskette, geographischer Präsenz etc. möglichst ähneln. Im Anschluss werden die **bewertungsrelevanten aktuellen Informationen** zu den Peer-Group-Unternehmen, wie z.B. Umsatz, EBITDA, EBIT, Gewinn, Aktienkurs, Aktienanzahl, Equity Value, Net Debt etc., in MS-Excel zusammengestellt und aufbereitet. Im nächsten Schritt werden für jedes Vergleichsunternehmen einzeln bestimmte Multiplikatoren berechnet (z.B. EV/Umsatz, EV/EBIT-DA, EV/EBIT, Price/Earnings etc.). Nachfolgend wird jeweils der **Median** der EV/Umsatz-Multiples, EV/EBITDA-Multiples etc. aller Peer-Group-Unternehmen berechnet (siehe Tabelle 3-8). Im letzten Schritt werden die **aggregierten Multiplikatoren** mit der jeweiligen **Finanzkennziffer** des zu bewertenden Unternehmens **multipliziert** und man erhält je nach Multiple den Enterprise Value bzw. Equity Value des Zielunternehmens. Soll der Unternehmensverkauf z.B. im Jahr 2013 vollzogen werden, dann multipliziert man beispielsweise den Median aller $EV/EBITDA_{2013E}$-Multiplikatoren der einzelnen Vergleichsunternehmen (z.B. $EV/EBITDA_{2013E}$ = 6,20x) mit dem $EBITDA_{2013E}$ des zu bewertenden Unternehmens (z.B. $EBITDA_{2013E}$ = 10 Mio. Euro) und erhält so den approximativen Enterprise Value des Zielunternehmens (hier EV = 6,20 x 10 Mio. Euro = 62 Mio. Euro).

Peer Group-Unternehmen	Enterprise Value-Multiplikatoren		
	EV/ Umsatz 2013E	EV/ EBITDA 2013E	EV/ EBIT 2013E
Unternehmen A	0,50x	6,20x	15,30x
Unternehmen B	1,20x	6,50x	7,30x
Unternehmen C	2,20x	8,50x	10,04x
Unternehmen D	0,20x	2,00x	2,56x
Unternehmen E	0,70x	6,90x	13,00x
Unternehmen F	0,90x	7,50x	9,76x
Unternehmen G	1,30x	8,00x	9,17x
Unternehmen H	3,70x	13,10x	15,40x
Unternehmen I	0,30x	4,90x	7,30x
Unternehmen J	0,50x	2,90x	3,20x
Unternehmen K	0,40x	4,50x	6,60x
Unternehmen L	0,50x	5,60x	7,30x
Unternehmen M	1,20x	8,20x	10,70x
Unternehmen N	0,40x	5,20x	9,80x
Unternehmen O	0,30x	5,00x	13,90x

	EV/ Umsatz	EV/ EBITDA	EV/ EBIT
Min	0,20x	2,00x	2,56x
Durchschnitt	0,95x	6,33x	9,42x
Median	**0,50x**	**6,20x**	**9,76x**
Max	3,70x	13,10x	15,40x

Tabelle 3-8: Vereinfachte Darstellung der Enterprise-Value-Multiplikatoren-Berechnung im Rahmen einer Börsenmultiplikatoren-Bewertung[211]

3.3.2.2.2.2 Transaktionsmultiplikatoren-Verfahren

Transaktionsmultiplikatoren („Merger Multiples" oder „Transaction Multiples") geben Auskunft darüber, wie viel anhand ver-

[211] Quelle: Eigene Darstellung

gleichbarer Transaktionen für das zu bewertende Unternehmen heute approximativ bezahlt werden würde.

Sie basieren demnach auf **zurückliegenden Transaktionen** vergleichbarer Unternehmen.

Zu beachten ist, dass Transaction Multiples i.d.R. höher ausfallen als Trading Multiples, da in ihnen die **Akquisitionsprämie** enthalten ist, welche der Käufer bereit war für das jeweilige Zielunternehmen zu bezahlen. Die Höhe dieser Prämie hängt dabei unter anderem von den erwarteten Synergieeffekten und der Stärke des Bieterwettbewerbs ab.

Vorgehensweise zur Bestimmung der Transaktionsmultiplikatoren:

Im Rahmen der Ermittlung von Transaktionsmultiplikatoren für ein bestimmtes zu bewertendes Unternehmen werden oftmals in einem ersten Schritt spezialisierte Datenbanken (z.B. Mergermarket) nach **zurückliegenden M&A-Transaktionen** durchsucht. Bei diesen Transaktionen sollte das jeweilige Verkaufsunternehmen dem nun zu bewertenden Unternehmen, im Hinblick auf die Geschäftstätigkeit, den Verschuldungsgrad etc., möglichst ähnlich gewesen sein. Nachfolgend werden die **bewertungsrelevanten Informationen**, wie z.B. Transaktionswerte, Umsatz, EBITDA, EBIT etc., zu den jeweiligen Verkaufsunternehmen gesammelt und in einer MS-Excel-Tabelle aufgearbeitet. Im nächsten Schritt werden für jede Transaktion einzeln bestimmte **Multiplikatoren** berechnet (z.B. EV/Umsatz, EV/EBITDA, EV/EBIT etc.) oder, falls verfügbar, direkt aus den spezialisierten Datenbanken entnommen. Nachfolgend wird, wie schon zur Bestimmung der Börsenmultiplikatoren, jeweils der **Median** der EV/Umsatz-Multiples, EV/EBITDA-Multiples etc. aller Transaktionen berechnet (siehe Tabelle 3-9). Im letzten Schritt werden die **aggregierten Multiplikatoren** mit der jeweiligen **Finanzkennziffer** des zu bewertenden Unternehmens **multipliziert**. Man multipliziert also beispielsweise den Median aller EV/EBITDA-Multiplikatoren der einzelnen Transaktionen (z.B. EV/EBITDA = 7,63x) mit dem $EBITDA_{2013E}$ des zu bewertenden Unternehmens (z.B. $EBITDA_{2013E}$ = 10 Mio.

Euro) und erhält so den approximativen Enterprise Value des Zielunternehmens (hier EV = 7,63 x 10 Mio. Euro = 76,3 Mio. Euro)

Input-Informationen				Enterprise Value-Multiplikatoren		
Datum	Ziel (Z.)	Käufer (K.)	EV (EURm)	EV/ Umsatz	EV/ EBITDA	EV/ EBIT
31.07.13	Z. 1	K.1	245,2	0,37x	7,80x	15,24x
17.03.13	Z. 2	K.2	413,5	1,42x	7,72x	9,10x
28.09.12	Z. 3	K.3	405,1	0,44x	4,99x	7,82x
09.04.12	Z. 4	K.4	887,7	0,55x	6,48x	12,07x
12.07.11	Z. 5	K.5	96,5	1,36x	n.a.	n.a.
25.01.11	Z. 6	K.6	150,2	0,98x	8,74x	11,54x
31.08.10	Z. 7	K.7	23,7	0,61x	8,58x	14,06x
28.07.10	Z. 8	K.8	73,9	0,96x	4,66x	8,88x
26.05.10	Z. 9	K.9	301,7	1,18x	7,63x	11,08x
01.01.10	Z. 10	K. 10	81,4	0,61x	6,08x	8,00x

	EV/ Umsatz	EV/ EBITDA	EV/ EBIT
Min	0,37x	4,66x	7,82x
Durchschnitt	0,85x	6,97x	10,86x
Median	**0,78x**	**7,63x**	**11,08x**
Max	1,42x	8,74x	15,24x

Tabelle 3-9: Vereinfachte Darstellung der Enterprise-Value-Multiplikatoren-Berechnung im Rahmen einer Transaktionsmultiplikatoren-Bewertung[212]

3.3.2.2.3 Stärken und Schwächen der Multiplikatorenverfahren

Der größte Vorteil der Multiplikatoren liegt darin, dass der Markt als Bewertungsmaßstab dient und somit **Marktpreise** als guter Schätzwert herangezogen werden können. Der Unternehmenswert ist in diesem Zusammenhang also nicht von Annahmen über das zu bewertende Unternehmen getrieben, sondern beruht auf vom Markt eingepreisten Informationen.

[212] Quelle: Eigene Darstellung

Ein weiterer Vorteil ist die **schnelle** und **relativ einfache Berechnung** der Multiplikatoren. Die Extrapolation der bewertungsrelevanten Daten ist weniger aufwendig und der wichtigste Rechenschritt bei den Multiplikatorenverfahren ist ein „einfacher Dreisatz“. Es können also in kürzester Zeit Unternehmen verglichen und signifikante Daten erhoben werden. Multiplikatorenverfahren können auch dann angewandt werden, wenn keine ausreichenden Informationen für die Durchführung einer DCF-Bewertung vorliegen. Zudem ist es besonders bei langen Verhandlungszeiträumen vorteilhaft, dass Multiplikatoren schnell und ohne großen Aufwand aktualisiert werden können.[213]

Ausgerechnet der Vorteil, dass der Markt als Bewertungsmaßstab herangezogen wird, stellt zugleich einen bedeutenden Nachteil der Multiplikatoren dar. In Zeiten volatiler Börsenkurse oder starker Konjunkturschwankungen können die Multiplikatorenverfahren zu stark **schwankenden Unternehmenswerten** führen. Dadurch wird die einfache Vergleichbarkeit des zu bewertenden Unternehmens mit bestimmten Peer-Group-Unternehmen bzw. vergleichbaren M&A-Transaktionen deutlich gestört.

Ein weiterer Nachteil liegt darin, dass die unternehmensindividuellen **Wachstumsaussichten** und die künftige **Ertragskraft** des Zielunternehmens **keine Berücksichtigung** finden. Die Achillesverse der Multiplikatoren ist, dass sie auf **Vergangenheitswerten** basieren. Im Ergebnis wird damit das zukünftige Potenzial des zu bewertenden Unternehmens im Rahmen der Multiplikatorenverfahren ein Stück weit ausgeblendet.

Ein weiterer Kritikpunkt ist die Abhängigkeit des Unternehmenswerts von der **Vergleichbarkeit der Peer-Group-Unternehmen**. In der Praxis ist es beinahe unmöglich, mehrere Unternehmen zu finden, die mit dem zu bewertenden Unternehmen nahezu identisch sind. Ein weiteres Problem ergibt sich häufig durch die mangelnde Vergleichbarkeit von Unternehmen aufgrund unterschiedlicher **Rechnungslegungsnormen** (z.B. IFRS, US-GAAP etc.).

---

[213] Vgl. Eayrs; Ernst; Prexl (2011), S. 388

3.3.2.3 Bereinigung der Finanzkennzahlen im Rahmen einer Bewertung

In der Bewertungspraxis ist es üblich die bewertungsrelevanten Finanzkennzahlen (z.B. EBITDA, EBIT etc.) unabhängig von dem angewendeten Bewertungsverfahren um **außerordentliche Effekte** bzw. **Sondereffekte** zu **bereinigen**. Hierbei werden Aufwendungen mit Einmalcharakter der Finanzkennziffer hinzugerechnet und entsprechend Erträge mit Einmalcharakter von der Finanzkennziffer subtrahiert. Zudem sollten bestimmte GuV-Positionen, die auf einem überhöhten oder sehr geringen Niveau liegen, auf ein „angemessenes Niveau“[214] korrigiert werden. Insgesamt können auf diesem Weg die nachhaltig realisierbare Ertragskraft und die wirtschaftliche Entwicklung des zu bewertenden Unternehmens abgebildet und die „reine“ operative Geschäftstätigkeit des Unternehmens im Zeitverlauf verglichen werden.

Zu den **typischen Bereinigungspositionen** zählen z.B. außerplanmäßige Abschreibungen oder eine überhöhte/zu geringe Geschäftsführer- oder Beiratsvergütung.

3.3.2.4 Output einer Unternehmensbewertung

Im Rahmen einer ganzheitlichen Unternehmensbewertung greifen Investmentbanken bzw. M&A-Boutiquen stets auf ein „**Bewertungspaket**“ zurück, da die verschiedenen Bewertungsverfahren i.d.R. abweichende Informationen berücksichtigen und somit unterschiedliche Unternehmenswerte liefern. Der Output jedes einzelnen Bewertungsverfahrens ist dabei kein einzelner Wert, sondern wie zuvor schon erwähnt eine **Spanne**. Bei den Multiplikatorenverfahren wird z.B. auf den errechneten Unternehmenswert ein Multiplikator von +/- 10 % angewandt. Bei einer DCF-Analyse wird am Ende der Berechnung eine Sensitivitätsanalyse durchgeführt und geprüft, welcher Unternehmenswert sich z.B. bei einem anderen WACC oder einer anderen ewigen Wachstumsrate einstellen würde. Die Angabe einer Unternehmenswertspanne und nicht eines kon-

[214] Unter einem „angemessenen Niveau“ ist ein Niveau zu verstehen, das als branchenüblich angesehen werden kann.

kreten Unternehmenswerts trägt dabei dem Umstand Rechnung, dass zum einen die Bewertungsverfahren auf Annahmen basieren und zum anderen die Vergleichsunternehmen nicht zu 100 % dem zu bewertenden Unternehmen entsprechen. Es handelt sich also um eine Art Risikopuffer. Wie das exemplarische Ergebnis einer Unternehmensbewertung in der Praxis aussieht, kann der Abbildung 3-6 entnommen werden.

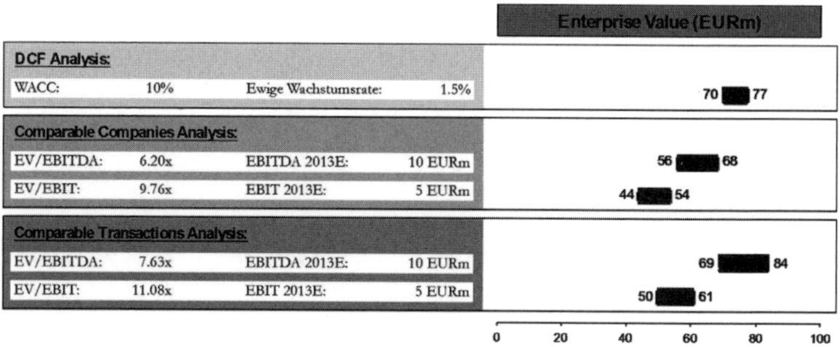

Abbildung 3-6: Zusammenfassende Darstellung einer Unternehmensbewertung (exkl. LBO-Analyse) [215]

3.3.2.5 Unterschiede bei der Unternehmensbewertung für mittelständische Unternehmen und Großunternehmen

Das übergeordnete Ablaufschema einer Unternehmensbewertung, mit dem Ziel der Ermittlung einer Unternehmenswertspanne, ist sowohl für ein mittelständisches, als auch für ein großes Zielunternehmen annähernd gleich. In der Regel folgen die einzelnen Bewertungsverfahren dabei meist einem international vergleichbaren Ansatz. Betrachtet man hingegen die Detailebene der Bewertungsverfahren, so lassen sich klare Unterschiede zwischen einer Unter-

[215] Quelle: Eigene Darstellung in Anlehnung an: Mohr; Bärtl (2012), S. 266

nehmensbewertung für ein Mid-Cap- und der für ein Large-Cap-Unternehmen feststellen.

Bei Großunternehmen handelt es sich nicht selten um **börsennotierte Gesellschaften**. Diese haben den Vorteil, dass der derzeit faire Marktwert des Unternehmens relativ leicht aus dem Aktienkurs, der sämtliche Informationen aller Marktteilnehmer einpreist, abgeleitet werden kann.

Zusätzlich kann eine Investmentbank bzw. M&A-Boutique eine **DCF-Bewertung** für ein Großunternehmen oftmals „nach Lehrbuch" durchführen.[216] Das liegt daran, dass häufig ausführliche Unternehmensberichte (z.B. Jahresabschluss-, Quartalsberichte, Planzahlen etc.) sowie Analysten-Reports zum Zielunternehmen vorliegen. Dadurch kann die Plausibilität der zugänglichen Informationen (inkl. Plandaten) gut nachvollzogen und geprüft sowie im Anschluss eine fundierte DCF-Bewertung implementiert werden.

Auch die Durchführung einer **Multiplikatoren-Bewertung** verläuft bei großen Zielunternehmen relativ problemlos. Zum einen lässt sich über qualifizierte Datenbanken (z.B. S&P Capital IQ) in kürzester Zeit eine Peer Group aus börsennotierten Unternehmen („Quick Comps") erstellen, die dann natürlich noch auf ihren tatsächlichen strategischen Fit überprüft werden muss. Zum anderen müssen oftmals keine großen Zu- bzw. Abschläge auf die ermittelten Multiplikatoren angewendet werden, da das zu bewertende Großunternehmen den börsennotierten Vergleichsunternehmen im Hinblick auf Fungibilität, Diversifikation, Managementtiefe etc. häufig ähnelt.

Bei der genauen Betrachtung der Bewertungsverfahren kristallisiert sich für mittelständische Zielunternehmen ein anderes Bild heraus. Da diese i.d.R. **nicht börsennotiert** sind, lässt sich nicht ohne Weiteres der momentan faire Marktwert des Unternehmens durch eine simple Multiplikation des aktuellen Börsenkurses mit der Aktienanzahl ermitteln.

---

[216] Vgl. Hackspiel (2010), S. 131

Zusätzlich müssen bei der **DCF-Bewertung** eines mittelständischen Zielunternehmens vom M&A-Berater einige Besonderheiten beachtet werden. Wie bereits in den vorangegangenen Kapiteln erwähnt wurde, müssen die bewertungsrelevanten Daten vieler kleinerer mittelständischer Unternehmen zunächst von der Investmentbank bzw. M&A-Boutique aufbereitet werden. Es müssen oftmals aufgrund reduzierter Prüfungspflichten z.B. die Jahresabschlüsse nach Rechnungsfehler bzw. -manipulationen geprüft und notwendige Positionen in der Gewinn- und Verlustrechnung bereinigt werden. Viele Unternehmen aus dem unteren Mittelstandssegment verzichten zudem regelmäßig auf eine längerfristige Unternehmensplanung. Es liegen meist nur rudimentäre Umsatz- und Aufwandsplanungen für einen kurzfristigen Zeitraum von maximal drei Jahren vor. Eine vorausblickende Planung der Bilanz oder der Cash Flows existiert i.d.R. nicht. Der M&A-Berater eines mittelständischen Zielunternehmens muss also in vielen Fällen in intensiver und aufwändiger Kooperation mit dem Geschäftsführer bzw. Management des Mittelständlers plausible Planzahlen entwickeln, welche die Basis für die zukunftsorientierte DCF-Bewertung darstellen.[217]

Abschließend müssen spezifische Eigenheiten von regelmäßig familiengeführten Mittelständlern bei der Bewertung berücksichtigt werden. Einige dieser Spezifika sind nachfolgend aufgelistet:[218]

- hohe Personenzentriertheit
- geringerer Diversifikationsgrad
- geringere Unternehmensgröße
- (Cluster-)Risiko beim Kunden- oder Lieferantenportfolio
- mangelnde Liquidität (bzw. mangelnde Fungibilität)
- Kontrolleinfluss des/der Unternehmer

[217] Vgl. Hackspiel (2010), S. 131 ff.

[218] Vgl. Müller; PricewaterhouseCoopers (Hrsg.) (2011), S. 28 f.

Daraus ergeben sich bestimmte **Risikozuschläge** bzw. **-abschläge**, welche sich oftmals auf den zu bestimmenden Unternehmenswert eines mittelständischen Zielunternehmens im Rahmen einer DCF-Bewertung, z.B. in Form eines erhöhten bzw. verminderten Diskontierungszinssatzes für die Free Cash Flows, auswirken.

Analog wird bei einer **Multiplikatorenbewertung** für ein mittelständisches Unternehmen aufgrund bestimmter Risikozuschläge bzw. -abschläge ein Adjustierungsfaktor auf die jeweils berechneten Multiplikatoren angewandt (z.B. EV/EBITDA = 10.00x und Adjustierungsfaktor = 0.9 → Adjustierter EV/EBITDA = 9.00x). Somit soll den spezifischen Unterschieden zwischen dem zu bewertenden Mittelständler und den oftmals wesentlich größeren börsennotierten Peer-Group-Unternehmen Rechnung getragen werden. Typische Abschläge und Zuschläge sind nachfolgend aufgeführt:

- Abschlag für mangelnde Fungibilität
- Abschlag für Größenunterschied zur Peer Group
- Abschlag für Personenzentriertheit
- Abschlag für mangelnde Diversifikation
- Abschlag für fehlende Managementtiefe
- Zuschlag für Kontrolleinfluss
- Zuschlag für Profitabilität
- Zuschlag für Fertigungstiefe

Abschließend muss bei Unternehmen aus dem unteren Mittelstandssegment, die sich evtl. noch in der **Aufbau-Phase** befinden, die Anwendung der Multiplikatorenverfahren kritisch hinterfragt werden. In diesem Fall hat das Zielunternehmen sein „volles Potenzial“ oftmals noch nicht entfaltet und die zukünftige Ertragskraft wird bei den Multiplikatoren nicht ausreichend gewürdigt.

3.3.2.6 Checklisten: Unternehmensbewertung, Discounted-Cash-Flow-Verfahren und Multiplikatorenverfahren

Checkliste: Unternehmensbewertung

☑ Unternehmensbewertungen spielen eine entscheidende Rolle im Preisfindungsprozess einer M&A-Transaktion.

☑ Der Unternehmenswert wird auch als Enterprise Value (EV) oder Entity Value bezeichnet. Er setzt sich aus dem Marktwert des Eigenkapitals (Equity Value) und den Nettofinanzverbindlichkeiten des Unternehmens zusammen.

☑ M&A-Berater verwenden stets mehrere Bewertungsverfahren im Zuge einer Unternehmensbewertung (Bewertungspaket).

☑ Einen „universellen" Unternehmenswert für ein bestimmtes Zielunternehmen zu einem bestimmen Zeitpunkt gibt es nicht.

☑ Das Ergebnis einer Unternehmensbewertung ist immer eine Unternehmenswertspanne, die als Entscheidungsbasis dient.

Checkliste: Discounted-Cash-Flow-Verfahren

☑ DCF-Verfahren leiten den zu ermittelnden Unternehmenswert aus der zukünftigen Ertragskraft des Zielunternehmens ab.

☑ Der Enterprise Value entspricht der Summe der auf den Bewertungszeitpunkt abgezinsten zukünftig zu erwartenden Cash Flows des Unternehmens.

☑ Grundsätzlich unterscheidet man drei DCF-Ansätze:

☑ **WACC-Ansatz**

Es werden die zukünftigen Zahlungsüberschüsse ermittelt und mit dem WACC abgezinst, die sowohl den Eigen- als auch den Fremdkapitalgebern zustehen. Als

Ergebnis erhält man den Gesamtwert des Unternehmens.

- ☑ **Adjusted-Present-Value-Ansatz (APV-Ansatz)**

  Beim APV-Ansatz wird wie beim WACC-Ansatz zunächst der Gesamtwert des Unternehmens bestimmt. Im Gegensatz zum WACC-Ansatz wird jedoch von einem fiktiv unverschuldeten Unternehmen ausgegangen und das Tax Shield isoliert betrachtet.

- ☑ **Equity-Ansatz (Nettoansatz)**

  Es werden die zukünftigen Zahlungsüberschüsse ermittelt und mit den Eigenkapitalkosten abgezinst, die ausschließlich den Eigenkapitalgebern zustehen. Als Ergebnis erhält man direkt den Marktwert des Eigenkapitals des Unternehmens.

☑ Vorteile der DCF-Verfahren:

- ☑ Zukunftsorientierung
- ☑ Bereinigung einmaliger Ereignisse

☑ Nachteile der DCF-Verfahren:

- ☑ Unternehmenswert basiert stark auf getroffenen Annahmen
- ☑ Unsicherheit bezüglich der getroffenen Zukunftsprognosen
- ☑ höherer Zeitaufwand und höhere technische Komplexität

Checkliste: Multiplikatorenverfahren

- ☑ Die Annahme der Multiplikatorenverfahren ist, dass ähnliche Unternehmen auch ähnlich bewertet werden.
- ☑ Bei den Multiplikatorenverfahren wird der gesuchte Wert des zu bewertenden Unternehmens anhand von Multiplikatoren, die aus den bekannten Marktwerten anderer börsennotierter Vergleichsunternehmen bzw. vergangener M&A-Transaktionen abgeleitet werden, ermittelt.
- ☑ Equity-Value- vs. Enterprise-Value-Multiplikatoren:
  - ☑ Equity-Value-Multiplikator $= \dfrac{\text{Equity Value}}{\text{Bezugsgröße } \textbf{\textit{nach}} \text{ Zinsen}}$
  - ☑ Enterprise-Value-Multiplikator

    $$= \frac{\text{Enterprise Value}}{\text{Bezugsgröße } \textbf{\textit{vor}} \text{ Zinsen und Steuern}}$$
- ☑ Grundsätzlich unterscheidet man zwei Multiplikatorenverfahren:
  - ☑ **Börsenmultiplikatoren-Verfahren**
    Wie viel wäre das zu bewertende Unternehmen heute an der Börse wert, wenn man es mit ähnlichen börsennotierten Unternehmen vergleicht?
  - ☑ **Transaktionsmultiplikatoren-Verfahren**
    Wie viel würde anhand in der Vergangenheit bereits vollzogener, vergleichbarer Transaktionen für das zu bewertende Unternehmen heute approximativ bezahlt werden?
- ☑ Vorteile der Multiplikatorenverfahren:
  - ☑ Markt dient als Bewertungsmaßstab
  - ☑ schnelle und einfache Berechnung der Multiplikatoren
- ☑ Nachteile der Multiplikatorenverfahren:
  - ☑ Multiplikatoren werden durch aktuelle Marktlage beeinflusst
  - ☑ Multiplikatoren basieren auf Vergangenheitswerten

3.3.3 Strukturierung der Transaktion

Sowohl Verkäufer als auch Käufer zielen darauf ab, eine Transaktion so zu strukturieren, dass ihr jeweiliger **Shareholder Value maximiert** wird. Infolgedessen können die Interessen dieser beiden Parteien voneinander abweichen. Ein nachhaltiger Transaktionserfolg kann nur durch eine sinnvolle Kombination der wesentlichen Merkmale des Strukturierungsprozesses erreicht werden. Dabei sind die Merkmale voneinander abhängig, so dass eine Änderung eines Merkmales zu Komplikationen bei einem oder mehreren anderen führen kann.[219]

3.3.3.1 Übergeordnete Merkmale einer Transaktionsstrukturierung

Die wichtigsten Merkmale einer Transaktionsstrukturierung sind:

- Form des Erwerbs
- Akquisitionsvehikel
- Post-Merger-Gestaltung
- Zahlungsweise
- Steuergestaltung

Die Form des Erwerbs beschreibt die Vorgehensweise, mit welcher die Vermögenswerte oder Unternehmensanteile vom Zielunternehmen an den Käufer übertragen werden. Obwohl es dafür eine Vielzahl von Möglichkeiten gibt, werden folgende Formen unterschieden:[220]

- Kauf von Vermögenswerten
- Aktienkauf
- Aktientausch

[219] Vgl. Ernst; Häcker (2011), S. 53 f.

[220] Vgl. Ernst; Häcker (2011), S. 54

- Aktien für Vermögenswerte
- Fusionen

Zu den gängigsten Akquisitionsvehikeln gehören:

- Kapitalgesellschaft
- Beteiligungsgesellschaft
- Partnerschaft (Joint Venture)

Jedes dieser **Akquisitionsvehikel** birgt verschiedene Risiken und steuerliche Konsequenzen für den Käufer.

Die **Unternehmensform** nach der Vollendung der Transaktion hängt maßgeblich mit der strategischen Ausrichtung des Käufers zusammen. Insbesondere wenn der Käufer das Zielunternehmen schnellstmöglich eingliedern möchte.

Die gängigsten **Zahlungsmethoden** sind die Barbezahlung, Zahlung mit Aktien und Zahlung mit Kreditinstrumenten. Die Bezahlung mit Aktien gestaltet sich komplizierter als die Barzahlung und birgt darüber hinaus die Gefahr von Kursrückgängen in der Zeit nach der Transaktion. Die Zahlung mit Kreditinstrumenten kann sowohl für den Käufer als auch für den Verkäufer lukrativ sein. Der Käufer kann von der steuerlichen Abzugsfähigkeit der Fremdkapitalzinsen profitieren, während der Verkäufer durch die Ausübung von Wandelanleihen profitieren kann. Allerdings sollten steuerliche Aspekte keinesfalls das entscheidende Kriterium bei der Transaktionsstrukturierung sein.

Die Strukturierung einer Transaktion ist eine hoch komplexe Aufgabe, die es im Rahmen eines M&A-Prozesses zu meistern gilt. Sie ist stets auf die spezifischen Besonderheiten und Herausforderungen der jeweiligen Transaktion anzupassen.

3.3.3.2 Checkliste: Zehn Leitsätze für eine erfolgreiche Transaktionsstrukturierung

Checkliste: Zehn Leitsätze für eine erfolgreiche Transaktionsstrukturierung[221]

☑ **Leitsatz 1:**
Rechtsstruktur
Die rechtliche Strukturierung sollte die verfolgten Transaktionsziele fördern.

☑ **Leitsatz 2:**
Steuergestaltung
Die steuerliche Strukturierung sollte zu einer Minimierung des entstehenden Steueraufwands beitragen.

☑ **Leitsatz 3:**
Rechnungslegungsgrundsätze
Bei internationalen Transaktionen gilt es, unterschiedliche Rechnungslegungsgrundsätze (z.B. IFRS, US-GAAP) zu beachten.

☑ **Leitsatz 4:**
Länderspezifische Aspekte
Im Rahmen der Transaktionsstrukturierung müssen interkulturelle Unterschiede beachtet werden.

☑ **Leitsatz 5:**
Organisationsstruktur
Bereits in der Strukturierungsphase sollte an die Post-Merger-Integration gedacht werden.

☑ **Leitsatz 6:**
Interessen der Aktionäre
Die Interessen der Aktionäre (Maximierung der Rendite) sind zu beachten.

---

[221] Vgl. Ernst; Häcker (2011), S. 55 f.

☑ **Leitsatz 7:**
Minderheits- und Mehrheitsverhältnisse

Es gilt zu beachten, dass diejenige Partei, die eine Mehrheit besitzt, das Verfahren lenkt.

☑ **Leitsatz 8:**
Börsennotiertes oder nicht-börsennotiertes Unternehmen

Die Akquisition eines börsennotierten Unternehmens erhöht die Komplexität der Transaktion.

☑ **Leitsatz 9:**
Finanzinvestoren oder strategische Investoren

Finanzinvestoren verfolgen kurzfristige Ziele, während strategische Investoren langfristige Ziele verfolgen.

☑ **Leitsatz 10:**
Akquisitionsfinanzierung

Die Akquisitionsfinanzierung bestimmt die gesamte Transaktionsstruktur und entscheidet über die finanzielle Durchführbarkeit der Transaktion.

3.3.3.3 Akquisitionsfinanzierung

„Wenn die Produktion der Vater des Erfolges ist, dann ist die Finanzierung dessen Mutter.“[222] Analog zu diesem Zitat stellt neben der Realisierung von Synergiepotenzialen und bestimmten strategischen Zielen vor allem die auf die individuellen Besonderheiten einer bestimmten Unternehmenstransaktion **maßgeschneiderte Finanzierung** ein wesentliches Erfolgskriterium im Rahmen einer M&A-Transaktion dar. Der erfolgreiche Erwerb eines Unternehmens bzw. von Unternehmensteilen hängt stets von der Verfügbarkeit der dafür vorgesehenen Finanzierungsmittel ab. In der täglichen Praxis scheitern zahlreiche Unternehmenstransaktionen trotz einer einvernehmlichen Kaufpreisvereinbarung zwischen Ver-

---

[222] Nüsser (2010), S. 171

käufer und Käufer, da keine Finanzierungszusage von einer Bank oder Bankengruppe für einen beabsichtigten Unternehmenskauf erteilt wird (z.B. während der Tiefphase der jüngsten Finanzmarktkrise). Genau aus diesem Grund stellt eine solide Akquisitionsfinanzierung nicht nur für den Käufer, sondern ebenso für den Verkäufer ein essenzielles Puzzleteil im gesamten M&A-Prozess dar.

Der Begriff **Akquisitionsfinanzierung** steht für die Finanzierung der Akquisition eines Unternehmens, Unternehmensteils oder einer Unternehmensgruppe. In der Regel wird ein Käufer hierfür eine Kombination aus Eigenkapital- und Fremdkapitalinstrumenten wählen. Akquisitionsfinanzierungen sind in der Regel Cash-Flow-orientierte Finanzierungen.

Das jeweilige Verhältnis zwischen Eigen- und Fremdkapital bewegt sich oftmals in einer Spanne zwischen 50/50 und 30/70. Mit steigendem Fremdkapitalanteil soll vom **Leverage-Effekt** profitiert werden. Dieser beschreibt die Hebelwirkung eines wachsenden Verschuldungsgrades auf die Verbesserung der Eigenkapitalrentabilität, falls die Fremdkapitalzinsen unterhalb des internen Zinsfußes liegen. Zeichnet sich eine Akquisitionsfinanzierung durch einen hohen Anteil an Fremdkapital aus, so spricht man von einem **Leveraged Buy-Out**. Weiterhin wird die Akquisitionsfinanzierung für ein großes Zielunternehmen selten durch den Kredit einer einzigen Bank, sondern meist durch einen **Konsortialkredit** („Syndicated Loan“) von einem Bankenkonsortium, getragen.[223]

Die bereits erwähnten Leveraged Buy-Outs werden oftmals von Finanzinvestoren als Käufertyp bevorzugt und durchgeführt. Auf diesem Weg kann mit geringerem Eigenkapitaleinsatz bei positivem Leverage-Effekt die Eigenkapitalrentabilität wesentlich gesteigert werden. Da LBOs jedoch nur ein Teilstück aller M&A-Transaktionen weltweit ausmachen (Tendenz allerdings steigend), wird das Hauptaugenmerk in den nachfolgenden Ausführungen bezüglich Akquisitionsfinanzierungen auf „**Corporate Buy-Outs**“ (CBOs)[224] gelegt.

---

[223] Vgl. Ernst; Häcker (2011), S. 169 f.

[224] Unter einem „Corporate Buy-Out“ – Akquisition eines Unternehmens durch ein Unternehmen – wird die Übernahme eines Zielunter-

3.3.3.3.1 Herausforderungen bei einer Akquisitionsfinanzierung

Eine Akquisitionsfinanzierung führt regelmäßig zu einer wesentlichen Erhöhung des **Verschuldungsgrads** des Kreditnehmers. Die abweichenden Ziele der involvierten Parteien – der Eigenkapital- und der Fremdkapitalinvestoren – resultieren in einem Zielkonflikt. Einerseits streben die **Eigenkapitalgeber** einen möglichst hohen Fremdfinanzierungsanteil an, um ihr Haftungsrisiko zu reduzieren und vom Leverage-Effekt zu profitieren. Andererseits fordern **Fremdkapitalgeber** eine hohe Eigenkapitalquote an der Finanzierung, um ihr Kreditrisiko möglichst minimal zu halten.

Die persönliche Haftung des Käufers wird i.d.R. durch die Gründung einer **Einzweckgesellschaft**, auch „Special Purpose Company" (SPC) oder „NewCo" genannt, die vom Käufer allein zur Akquisition des Zielunternehmens eingesetzt wird, minimiert. Im Rahmen dieser Konstellation beschränkt sich die persönliche Haftung des Käufers auf die getätigte Eigenkapitaleinlage in die NewCo. Infolge dieser Strukturierung sind die Sicherheiten für eine finanzierende Bank deutlich eingeschränkt, wodurch dem Cash Flow des Zielunternehmens eine entscheidende Rolle zukommt. Somit ist eine Akquisitionsfinanzierung eine auf Cash Flow gerichtete Finanzierungsform.[225]

3.3.3.3.2 Ziele der Kapitalgeber

Wie an vorheriger Stelle bereits erwähnt wurde, besteht zwischen den Eigenkapitalgeber- und Fremdkapitalgeberinteressen ein **Zielkonflikt**. Beide Parteien möchten ihren Anteil an dem Finanzierungsvolumen der Akquisition möglichst gering halten, um so ihr Risiko zu minimieren.

---

nehmens durch einen strategischen Investor und nicht durch einen Finanzinvestor verstanden.

[225] Vgl. Rodde (2012), S. 325 und Ernst; Häcker (2011), S. 170 ff.

3.3.3.3.2.1 Eigenkapitalgeber

Zu den wichtigsten Zielen der Eigenkapitalgeber (Finanzinvestoren) zählen:[226]

- *Hohe Rentabilität bzw. hohe Internal Rate of Return (IRR):* Durch einen geringen Eigenfinanzierungs- und einen hohen Fremdfinanzierungsanteil sowie die Ausnutzung des Leverage-Effekts soll die Eigenkapitalrentabilität möglichst maximiert werden. Der Fremdfinanzierungsanteil wird hierbei durch die maximale Schuldendienstfähigkeit des Zielunternehmens limitiert.
- *Haftungsbeschränkung:* Ein Eigenkapitalinvestor ist bemüht, seine persönliche Haftung auf das eingebrachte Eigenkapital in die Einzweckgesellschaft (NewCo) zu beschränken. Die NewCo erwirbt dabei die Unternehmensanteile der Zielgesellschaft, bezahlt den Kaufpreis an den Verkäufer und tritt als Kreditnehmer im Rahmen der Akquisitionsfinanzierung in Erscheinung.
- *Hohe Vertragsflexibilität:* Der Eigenkapitalgeber ist bemüht, die Finanzierung in der Art zu strukturieren, dass ihm ein möglichst hoher Grad an Flexibilität hinsichtlich der Gestaltung des Kreditvertrages eingeräumt wird (z.B. Flexibilität bei der Inanspruchnahme des Kredits, Minimierung der zu stellenden Kreditsicherheiten etc.).
- *Geringe Kosten:* Ein Eigenkapitalgeber möchte die Kosten für die Inanspruchnahme des Fremdkapitals möglichst gering halten. Die Kosten bestehen aus Krediteinrichtungsgebühren und den laufenden Zinszahlungen.

[226] Vgl. Ernst; Häcker (2011), S. 181 f.

Wie erfolgreich die Ziele eines Eigenkapitalgebers umgesetzt werden können, hängt von der Höhe des Kaufpreises, der Verhandlungsfähigkeit gegenüber den finanzierenden Banken und der Planungssicherheit sowie der Kontinuität der Cash Flows des Zielunternehmens ab.

3.3.3.3.2.2 Fremdkapitalgeber

Die wichtigsten Ziele aus Sicht der Fremdkapitalgeber sind nachfolgend aufgeführt:[227]

- *Geringer Fremdfinanzierungsanteil:* Durch einen geringen Fremdfinanzierungsanteil und einen angemessen hohen Eigenkapitalanteil an der Akquisitionsfinanzierung soll das Kreditrisiko des Fremdkapitalgebers minimiert werden.
- *Kreditsicherheiten:* Eigenkapitalgeber minimieren ihre persönliche Haftung oftmals durch die Gründung einer Einzweckgesellschaft, die zur Akquisition des Zielunternehmens eingesetzt wird. Damit ein Fremdkapitalgeber dennoch das Kreditrisiko möglichst gering halten kann, fordert er umfangreiche Kreditsicherheiten vom Käufer, die sich sowohl auf das Zielunternehmen als auch auf den Eigenkapitalgeber beziehen.
- *Syndizierungsfähigkeit des Kredits am Markt:* Häufig wird aufgrund des Finanzierungsvolumens einer Akquisitionsfinanzierung ein Konsortialkredit zwischen mehreren Banken und dem Käufer vereinbart. Diese Bankengruppe wird anschließend bestrebt sein, Teile der Fremdfinanzierung an andere Banken zu veräußern, um so das eigene Kreditrisiko zu senken. Um eine Veräußerung bzw. Syndizierungsfähigkeit zu garantieren, muss bei der Strukturierung der Akquisitionsfinanzierung auf marktübliche Kreditkonditionen geachtet werden.

---

[227] Vgl. Ernst; Häcker (2011), S. 178 ff.

- *Hohe Rendite:* Fremdkapitalgeber verfolgen, analog zu Eigenkapitalgebern, das Ziel, eine möglichst hohe Rendite über die Krediteinrichtungsgebühren und laufende Zinszahlungen aus dem Akquisitionskredit zu generieren.

Die erfolgreiche Umsetzung der Ziele eines Fremdkapitalgebers hängt dabei maßgeblich von den zukünftigen Cash Flows des Zielunternehmens und dem Wettbewerbsdruck unter den akquisitionsfinanzierenden Banken ab.

3.3.3.3.3 Rahmenbedingungen einer Akquisitionsfinanzierung bei Corporate Buy-Outs

Analog zu den Wahlmöglichkeiten hinsichtlich der Ausgestaltung einer M&A-Transaktion kann eine Akquisitionsfinanzierung auf mehreren Wegen strukturiert und an die individuellen Erfordernisse der zugrundeliegenden Akquisition angepasst werden.

3.3.3.3.3.1 Finanzierungsquellen für den Kaufpreis

Generell kann der Kaufpreis für eine Unternehmensübernahme über drei unterschiedliche Quellen finanziert werden:[228]

- aus der freien Liquidität des Käufers
- durch neues Eigen- und/oder Fremdkapital des Käufers
- über eine Akquisitionsgesellschaft, die durch Zugriff auf die freien Cash Flows (Free Cash Flow) des Verkaufsunternehmens das zum Unternehmenserwerb aufgenommene Fremdkapital bedient

In der Praxis wird der Kaufpreis häufig über eine Kombination dieser Finanzierungsquellen bezahlt.

---

[228] Vgl. Mittendorfer (2007), S. 11

3.3.3.3.3.2 Transaktionsvolumen

Bei einer Akquisitionsfinanzierung wird das Transaktionsvolumen generell durch haftendes Eigenkapital und Fremdkapital finanziert. Für den Fall, dass das eingebrachte Eigenkapital und die verfügbaren Fremdmittel die gesamten Transaktionskosten nicht abdecken und somit eine Finanzierungslücke entsteht, wird häufig auf hybride Finanzierungsformen – z.B. Mezzanine-Kapital – zurückgegriffen.

Die NewCo und die Zielgesellschaft benötigen die Finanzmittel für mehrere Zwecke:[229]

- Der Löwenanteil der Finanzmittel wird von der NewCo benötigt, um den Kaufpreis für den Erwerb des Zielunternehmens zu finanzieren.
- Das Zielunternehmen benötigt Finanzmittel, um bestehende Verbindlichkeiten gegenüber bisherigen Banken und Alteigentümern (Gesellschafterdarlehen) abzulösen.
- Die Transaktionsnebenkosten, die sich z.B. aus Due Diligence-Kosten und Beratungskosten zusammensetzen, müssen finanziert werden. Sie bewegen sich oftmals im Bereich von 3,5 % bis 5,0 % des Kaufpreises.

Im Rahmen einer Akquisitionsfinanzierung werden i.d.R. alle bestehenden Bankverbindlichkeiten des Zielunternehmens abgelöst und durch Bankdarlehen der akquisitionsfinanzierenden Bank(en) ersetzt. Diesem Vorgehen liegt das Prinzip der „**Vollfinanzierung**" zugrunde. Dadurch soll gewährleistet werden, dass das Zielunternehmen durch Kreditverträge, in denen die Verpflichtungen des Zielunternehmens geregelt werden, vollwertig in die Akquisitionsfinanzierung eingebunden wird.[230]

---

[229] Vgl. Ernst; Häcker (2011), S. 203
[230] Vgl. Ernst; Häcker (2011), S. 200 f.

3.3.3.3.3.3 Direkte und indirekte Akquisition

Grundsätzlich können zwei Arten der Strukturierung von Corporate Buy-Outs unterschieden werden:

- Direkte Akquisition
- Indirekte Akquisition

Bei der **direkten Akquisition** findet ein unmittelbarer Erwerb der Anteile an der Zielgesellschaft durch den strategischen Käufer selbst statt (siehe Abbildung 3-7). Der strategische Investor bezahlt den Kaufpreis an die Alteigentümer der Zielgesellschaft und erhält im Gegenzug deren Unternehmensanteile an dem Zielunternehmen. Im Anschluss wird häufig eine Eingliederung der Zielgesellschaft als Tochtergesellschaft in die Unternehmensgruppe des Käufers oder eine Fusion mit dem Käuferunternehmen vollzogen.[231]

Der überwiegende Teil der Akquisitionsfinanzierung findet in der Praxis im Falle des Kaufs eines Corporate Targets durch einen strategischen Investor in Form einer **On-Balance-Finanzierung** statt. On-Balance-Finanzierungen haben für den Erwerber den Vorteil, dass er im Gegensatz zu Off-Balance-Finanzierungen, bei denen das Target als unabhängiges Stand-Alone-Unternehmen fortgeführt werden muss, Synergieeffekte aus dem Unternehmenskauf direkt realisieren kann. Unternehmenskäufe durch einen strategischen Investor zielen ja darauf ab, Umsatz- und Kostensynergien zu realisieren. Insofern präferieren die Erwerber in der Regel eine On-Balance-Finanzierung.

Eine On-Balance-Finanzierung stellt die akquisitionsfinanzierende Bank vor **größere Aufgaben** als die Off-Balance-Finanzierung. Bei einer On-Balance-Finanzierung müssen zwei Due Diligences durchgeführt und ausgewertet werden, die für den Käufer und die für das zu kaufende Unternehmen. Dabei sind nicht nur die beiden Unternehmen getrennt zu analysieren, sondern es ist die Frage zu beantworten, wie sich das Gesamtengagement nach der Akquisition entwickelt. Haben Käufer und das zu erwerbende Unternehmen

[231] Vgl. Kohabe; Hirdes (2011), S. 553

beide „**Investment Grade**“[232], stellt im Normalfall eine On-Balance-Finanzierung für die akquisitionsfinanzierende Bank kein Problem dar. Dann wird die komplette Finanzierung auf das Target-Unternehmen abgestellt. Als Sicherheiten reichen dann häufig die Vermögenswerte des Targets aus, gelegentlich erfolgt die Finanzierung auch **blanko** ohne Sicherheiten.

Deutlich komplexer ist die Situation, wenn das zu erwerbende Unternehmen oder beide Unternehmen – sowohl das Target als auch der Käufer – **Non Investment Grade** haben. Dann muss die akquisitionsfinanzierende Bank im Rahmen des Financial Modelings die Cash Flows des Käufers, des Targets und der Unternehmen konsolidiert genau untersuchen. Nur so kann geprüft werden, ob die Akquisitionsfinanzierung für die Bank darstellbar ist oder nicht.

Im Rahmen der **direkten Akquisition** nutzt der strategische Investor zur Bedienung des aus der Akquisitionsfinanzierung resultierenden Kapitaldienstes seine eigene ungenutzte Verschuldungskapazität sowie seine eigenen zukünftigen Free Cash Flows und die künftigen FCFs des Zielunternehmens. Der Käufer tritt unmittelbar als Kreditnehmer des Akquisitionsdarlehens gegenüber der finanzierenden Bank in Erscheinung und wickelt die Akquisitionsfinanzierung direkt über seine Bilanz ab. In dieser Konstellation können die Kapitalgeber im Ernstfall sowohl auf das Ziel- als auch auf das Käuferunternehmen als Haftungsmasse zurückgreifen.[233]

---

[232] Ein Unternehmen (bzw. dessen Anleihen), das über eine gute bis sehr gute Bonitätsnote (Rating: z.B. mindestens „BBB-“ von Standard & Poors bzw. mindestens „Baa3“ von Moodys) verfügt, erhält von einer Ratingagentur die Bewertung „Investment Grade“. Damit wird dem Unternehmen die Fähigkeit zur termingerechten Zinszahlung und Rückzahlung des geliehenen Kapitals attestiert.

[233] Vgl. Mittendorfer (2007), S. 37 und Kohabe; Hirdes (2011), S. 553

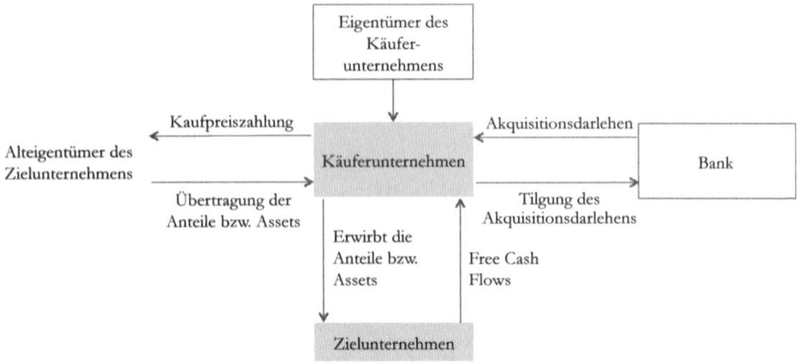

Abbildung 3-7: Vereinfachte Erwerbsstruktur bei einer direkten Akquisition mit Haftungsrückgriff auf den Käufer[234]

Die **indirekte Akquisition** wird neben strategischen Investoren vor allem von Finanzinvestoren im Rahmen eines Leveraged Buy-Outs angewandt und wird deshalb häufig als typische **LBO-Kauftechnik** bezeichnet. Sie erfolgt i.d.R. in den folgenden fünf Schritten:[235]

[1] ***Gründung einer Einzweckgesellschaft:*** Im ersten Schritt gründet der strategische Investor (Käufer) eine Einzweckgesellschaft, die oftmals als „NewCo" (New Company), „SPV" (Special Purpose Vehicle) oder „SPC" (Special Purpose Company) bezeichnet wird. Der einzige Zweck dieser NewCo besteht in der Akquisition des Zielunternehmens. Damit betreibt die Einzweckgesellschaft selbst kein operatives Geschäft. Als Rechtsform für das SPV wird häufig die GmbH oder GmbH & Co. KG gewählt, um dadurch die persönliche Haftung des Käufers auf die Eigenkapitaleinlage in die NewCo zu beschränken. Diese Form der Finanzierung, bei der ein

[234] Quelle: Eigene Darstellung

[235] Vgl. Ernst; Häcker (2011), S. 196 ff. und Kohabe; Hirdes (2011), S. 553 und Mittendorfer (2007), S. 37 f.

Haftungsrückgriff auf das kaufende Unternehmen ausgeschlossen ist, wird in Fachkreisen „Non-Recourse-Finanzierung" genannt (siehe Abbildung 3-8). Im Rahmen der Evaluierung der Akquisitionsfinanzierung durch die Bank(en) kommt den zukünftigen Free Cash Flows des Zielunternehmens zur Bedienung des Kapitaldienstes in dieser „Non-Recourse-Konstellation" eine besonders hohe Bedeutung zu.

[2] ***Ausstattung der Einzweckgesellschaft mit Finanzmitteln:*** Im zweiten Schritt wird die NewCo von dem strategischen Investor mit Eigenkapital und von der finanzierenden Bank mit dem Akquisitionsdarlehen ausgestattet. Das in die Einzweckgesellschaft eingebrachte Gesamtkapital deckt die Transaktionskosten – Kaufpreis plus Transaktionsnebenkosten – ab. Die eingebrachte Eigenkapitaleinlage stammt im Idealfall aus der „Portokasse" des Käuferunternehmens bzw. aus neu aufgenommenem Eigen- oder Fremdkapital. Durch den ausgeschlossenen Haftungsrückgriff auf das kaufende Unternehmen sollte der Käufer sein Engagement bzw. seine Ernsthaftigkeit hinsichtlich der geplanten Akquisition gegenüber dritten Kapitalgebern mit einer angemessenen Eigenkapitaleinlage in die NewCo dokumentieren („skin in the game")[236].

[3] ***Ausstattung der Zielgesellschaft mit Finanzmitteln:*** Im dritten Schritt wird das Zielunternehmen mit einer Betriebsmittellinie von der Akquisitionsfinanzierungsbank ausgestattet. Dieser revolvierende Betriebsmittelkredit wird zur Finanzierung des Umlaufvermögens (Working Capital) des Zielunternehmens eingesetzt.

[4] ***Erwerb der Anteile an der Zielgesellschaft durch die Einzweckgesellschaft:*** Im vierten Schritt erwirbt die NewCo die Geschäftsanteile am Zielunternehmen von den Alteigentümern und bezahlt an sie im selben Zug

---

[236] „Skin in the game" bedeutet, dass eine bzw. mehrere Personen noch finanziell von der Entwicklung eines bestimmten Unternehmens, z.B. durch ihre Aktienbeteiligung, betroffen sind.

den vereinbarten Kaufpreis. In dieser Situation besteht die Aktivseite der NewCo-Bilanz lediglich aus der Beteiligung an der Zielgesellschaft. Die Passivseite der NewCo-Bilanz setzt sich aus der Eigenkapitaleinlage des Käuferunternehmens und dem aufgenommenen Akquisitionsdarlehen der Bank(en) zusammen.

[5] ***Verschmelzung des Zielunternehmens mit der Einzweckgesellschaft:*** Häufig wird in einem letzten Schritt das Zielunternehmen mit der NewCo verschmolzen bzw. fusioniert, um dadurch die steuerliche Abzugsfähigkeit der Zinszahlungen für das Akquisitionsdarlehen, das von der NewCo aufgenommen wurde, zu gewährleisten.

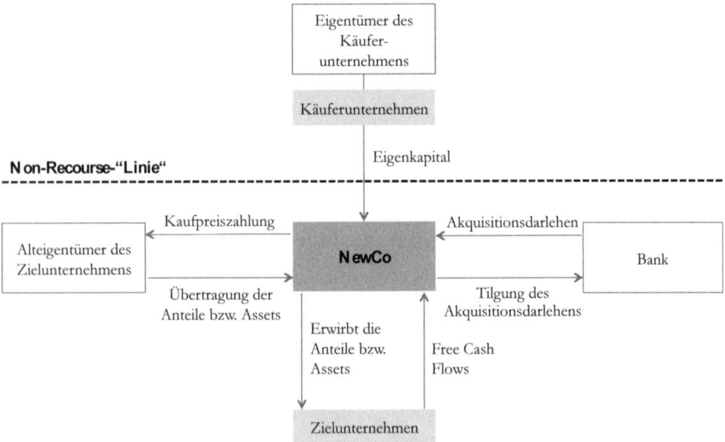

Abbildung 3-8: Vereinfachte Erwerbsstruktur bei einer indirekten Akquisition ohne Haftungsrückgriff (Non-Recourse) auf den Käufer[237]

[237] Quelle: Eigene Darstellung in Anlehnung an: Mittendorfer (2007), S. 87

Zu den wesentlichen Vorteilen einer Akquisition durch einen strategischen Investor bei einer Non-Recourse-Finanzierung zählen:[238]

- Haftungsbegrenzung auf die eingebrachte Kapitaleinlage in die NewCo
- Maximierung der Eigenkapitalrentabilität
- Gestaltbarkeit der Bilanzkennzahlen
- höhere Flexibilität für Partnerschaften und hinsichtlich der Konditionen

Oftmals überwiegen die genannten Vorteile die auftretenden Nachteile, wie z.B. höhere Finanzierungskosten und engere Handlungsspielräume (besonders durch „Covenants“[239]) deutlich.[240]

Off-Balance-Finanzierungen werden gegenüber On-Balance-Finanzierungen von strategischen Investoren seltener genutzt, da durch die Abtrennung des Target-Unternehmens vom Käufer und das so genannte „Ring Fencing“[241] die Nutzung von Umsatz- und Kostensynergien durch den Käufer nicht möglich ist. Dies stellt den Sinn der Akquisition grundsätzlich in Frage. Eine Off-Balance-Finanzierung ist für den Käufer dann ein interessantes Finanzierungsmodell, wenn er das Risiko der Akquisition als hoch ansieht und sein Risiko auf das in die NewCo einbezahlte Kapital beschränken möchte. Im „worst case“ würde dann vom strategischen Investor das Engagement beendet werden, ohne dass sein Kerngeschäft dadurch gefährdet wäre.

[238] Vgl. Mittendorfer (2007), S. 38

[239] Covenants sind Klauseln in Kreditverträgen, die dem Kreditgeber beim Eintreten bestimmter definierter Ereignisse das Recht zur Durchführung bestimmter Aktionen einräumen.

[240] Vgl. Mittendorfer (2007), S. 38

[241] Im Finanzbereich wird unter „Ring Fencing“ die Isolierung von einem bestimmten Projekt bzw. bestimmten Vermögenswerten verstanden, um sie vor externen Risikofaktoren zu schützen.

Für die akquisitionsfinanzierende Bank ist die **Off-Balance-Finanzierung** weniger aufwendig und komplex, da die Finanzierung alleinig auf das Target-Unternehmen abgestellt wird. Sollte das Target in der Lage sein, mit seinen Cash Flows den Kapitaldienst für die Akquisitionsfinanzierung problemlos leisten zu können, steht der Akquisitionsfinanzierung nichts im Wege. Ein Problem für die akquisitionsfinanzierende Bank könnte sich dann ergeben, wenn der Käufer über die Leistungsverrechnung das Target-Unternehmen wirtschaftlich aushöhlt und das Risiko für die Bank dadurch gegenüber dem anfangs unterstellten Szenario steigt. Problematisch könnte auch ein Know-how-Transfer vom Target-Unternehmen zum Käufer sein. Dies würde die Werthaltigkeit des Targets deutlich reduzieren und das Risiko der Bank signifikant erhöhen.

3.3.3.3.3.4 Share Deal vs. Asset Deal

Für die Besicherung von Akquisitionsdarlehen ist die Art der Transaktionsumsetzung von großer Bedeutung. Generell können für die Akquisition des Zielunternehmens zwei Transaktionsmodelle gewählt werden:

- **Share Deal**: Das Käuferunternehmen oder die NewCo erwirbt die Gesellschaftsanteile des Zielunternehmens von den Alteigentümern.
- **Asset Deal**: Das Käuferunternehmen oder die NewCo erwirbt die Vermögensgegenstände und Teile der Verbindlichkeiten des Zielunternehmens zu ihren Verkehrswerten.

Der **Verkäufer** eines Zielunternehmens wird generell einen **Share Deal** bevorzugen, da er mit der Übertragung der Unternehmensanteile vollständig aus dem Unternehmen – inkl. der unternehmerischen Verantwortung und Risiken – ausscheidet und für ihn die Transaktion damit vollständig abgeschlossen ist. Demgegenüber muss der Verkäufer bei einem **Asset Deal** nach Abschluss der M&A-Transaktion die „leere“ Unternehmenshülle liquidieren, was in einen langwierigen Prozess münden kann.

Der **Käufer** eines Zielunternehmens wird oftmals einen **Asset Deal** präferieren, da beispielsweise durch mögliche Abschreibungen auf die realisierten stillen Reserven hinsichtlich bestimmter übertragener Assets das Innenfinanzierungspotenzial erhöht wird. Einen reinen **Share Deal** wird ein Käufer hingegen als kritisch evaluieren. Im Insolvenzfall wären die Unternehmensanteile an der Zielgesellschaft „wertlos", weshalb die Anteile zur Besicherung der Akquisitionskredite von den akquisitionsfinanzierenden Banken äußerst skeptisch betrachtet werden.

Aufgrund dieses Interessenkonflikts wird in der Transaktionspraxis oftmals eine **Kombination** aus Share Deal und Asset Deal gewählt. In einem ersten Schritt wird zunächst ein Share Deal vollzogen und damit werden die Unternehmensanteile von den Alteigentümern auf die NewCo übertragen. Anschließend wird in einem zweiten Schritt ein Asset Deal durchgeführt und die rechtliche Integration des Zielunternehmens in die Unternehmensgruppe des Käuferunternehmens vorgenommen. Auf diesem Weg können die Vermögenswerte der Zielgesellschaft zur Besicherung der Akquisitionskredite und zudem die Free Cash Flows ohne steuerliche Abzugsfähigkeit zur Tilgung der Verbindlichkeiten genutzt werden.[242]

3.3.3.3.3.5 Bemessungsgrundlage einer Akquisitionsfinanzierung: Schuldendienstfähigkeit

Die korrekte Bestimmung des Verhältnisses von Fremdkapital zu Eigen- und Mezzanine-Kapital ist ein essenzielles Erfolgskriterium im Rahmen einer Akquisitionsfinanzierung. Entgegen der Vergabe von „typischen" Bankkrediten spielen werthaltige Vermögensgegenstände zur Besicherung der gewährten Bankdarlehen bei Akquisitionsfinanzierungen eine untergeordnete Rolle. Die Schuldendienstfähigkeit, die maßgeblich Einfluss auf die Vergabe von Akquisitionsdarlehen nimmt, wird primär über eine Cash-Flow-Analyse ermittelt. Man spricht in diesem Zusammenhang von sogenannten „**strukturierten Finanzierungen**". Zur Festlegung

---

[242] Vgl. Ernst; Häcker (2011), S. 199 f. und Kohabe; Hirdes (2011), S. 554

der Schuldendienstfähigkeit stellen die akquisitionsfinanzierenden Banken **Finanzmodelle** auf („Bank Case" oder „Financing Case"), welche bei einer direkten (oder indirekten) Akquisition zur Ermittlung der verfügbaren kumulierten Free Cash Flows des Zielunternehmens und des Käuferunternehmens (oder nur des Zielunternehmens) zur Schuldentilgung dienen. Die Finanzmodelle basieren dabei auf Bilanz- und GuV-Daten sowie bestimmten Annahmen der Akquisitionsfinanzierungsbank(en). Aufgrund der Tatsache, dass Akquisitionsdarlehen langfristige Darlehen mit einer Laufzeit zwischen oftmals fünf bis neun Jahren sind, ist außer der absoluten Höhe der Cash Flows zur Schuldentilgung, vor allem deren Stabilität und Planbarkeit von entscheidender Bedeutung.

In der Praxis resultiert aus den soeben beschriebenen Rahmenbedingungen i.d.R. eine **Akquisitionsfinanzierungsstruktur**, bei der nicht nur ein einziges Darlehen an das Käuferunternehmen (bzw. die NewCo) vergeben wird, sondern das Akquisitionsdarlehen aus mehreren Tranchen mit unterschiedlichen Laufzeiten, Tilgungsmodalitäten und Konditionen besteht. Der Cash Flow zur Schuldentilgung wird primär zur Tilgung der Senior-Tranchen (der „Senior Loans") verwendet. Die weiteren zur Akquisitionsfinanzierung benötigten Finanzierungsinstrumente (z.B. Mezzanine-Kapital) werden regelmäßig zum Laufzeitende zurückbezahlt, nachdem alle Senior-Tranchen bedient wurden. Der nach Tilgung der Senior-Tranchen verbleibende Cash Flow („Excess Cash Flow") fließt der Kasse zu und kann z.B. zur Finanzierung des Umlaufvermögens oder für Investitionen in das Anlagevermögen verwendet werden. Im Rahmen der gesamten Finanzierungsstruktur muss gewährleistet sein, dass das Zielunternehmen (und evtl. das Käuferunternehmen) die Schuldentilgung bewältigen kann und trotzdem genügend Liquidität für nötige Investitionen verbleibt. Nur so kann die M&A-Transaktion und viel wichtiger die Unternehmensfortführung gesichert werden.[243]

[243] Vgl. Ernst; Häcker (2011), S. 204 ff.

3.3.3.3.3.6 Anforderungen an eine optimale Akquisitionsstruktur

Eine optimale Akquisitionsstruktur sollte folgende Anforderungen erfüllen:[244]

- Der Käufer wünscht oftmals eine Haftungsbegrenzung auf seinen Eigenmitteleinsatz.
- Die Transaktion sollte steuerlich optimiert werden (bezüglich der Abzugsfähigkeit der Zinsen auf Käuferseite und der Besteuerung des Verkaufserlöses auf Verkäuferseite).
- Die Finanzierungsstruktur muss für den Käufer und das Zielunternehmen tragbar sein.
- Die Finanzierung muss sicher sein. Die benötigten Finanzmittel müssen fristgerecht und im erforderlichen Umfang zur Verfügung stehen.
- Die Kapitalgeber müssen eine dem Risiko angemessene Rendite erwarten können.
- Das Käuferunternehmen bzw. die NewCo sollte problemlos auf die Free Cash Flows des Zielunternehmens zur Bedienung der Akquisitionskredite zugreifen können.

3.3.3.3.3.7 Wahl der geeigneten Finanzierungsinstrumente

Die genaue Zusammensetzung der Finanzierungsinstrumente („**Finanzierungsmix**") bei einer Akquisitionsfinanzierung ist je nach M&A-Transaktion eine Einzelfallentscheidung, in die spezifische Entscheidungsüberlegungen einfließen müssen. Die folgenden Faktoren fließen regelmäßig in die Wahl der geeigneten Finanzierungsinstrumente ein:[245]

---

244 Vgl. Mittendorfer (2007), S. 88 und Kohabe; Hirdes (2011), S. 564

245 Vgl. Kohabe; Hirdes (2011), S. 565 ff.

- Transaktionsvolumen
- Rechtsform (im Hinblick auf Börsenemissionen)
- Unternehmensgröße (im Hinblick auf Börsenemissionen)
- Verschuldungsgrad (Indikator für das Potenzial einer weiteren Fremdkapitalaufnahme)
- Besicherungspotenzial (besonders hinsichtlich der Aufnahme von Darlehen)
- Liquiditätslage und Ertragskraft des Zielunternehmens
- Rentabilität
- zeitliche Verfügbarkeit der Finanzierungsinstrumente (z.B. Börsengang oder Begebung einer Anleihe)
- Finanzierungskosten

3.3.3.3.4 Finanzierungsinstrumente im Rahmen von Corporate Buy-Outs

In der Praxis wird das Transaktionsvolumen bei einer Akquisition überwiegend durch haftendes Eigenkapital und verfügbares Fremdkapital bereitgestellt. Oftmals entsteht jedoch eine **Finanzierungslücke**, die z.B. durch hybride Finanzierungsinstrumente geschlossen wird. Es wird demnach regelmäßig ein Finanzierungsmix zur Realisierung einer geplanten Akquisition gewählt.

Grundsätzlich kann unabhängig von der Rechtsform eines Käuferunternehmens nach der Mittelherkunft in Innen- und Außenfinanzierung unterschieden werden.

Bei der **Innenfinanzierung** werden die benötigten Finanzmittel im betrieblichen Leistungs- und Umsatzprozess generiert. Demgegenüber werden bei der **Außenfinanzierung** die benötigten Finanzmittel entweder aus unternehmensexternen Kapitalquellen, z.B. in Form von Eigenkapitaleinlagen und Beteiligungen oder aus Krediten und Darlehen zur Verfügung gestellt.[246]

[246] Vgl. Wirtz (2012), S. 21

Nachfolgend werden die wichtigsten Finanzierungsinstrumente im Rahmen einer Akquisitionsfinanzierung (siehe Abbildung 3-9) besprochen.

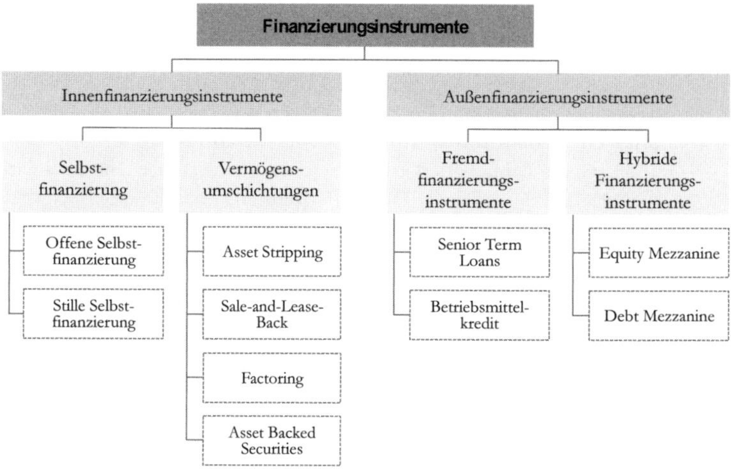

Abbildung 3-9: Finanzierungsinstrumente bei Akquisitionsfinanzierungen[247]

3.3.3.3.4.1 Innenfinanzierungsinstrumente

Die Finanzmittel, die im Zuge der Innenfinanzierung bzw. dem **betrieblichen Umsatzprozess** erwirtschaftet werden, stammen weder von den Eigentümern noch von sonstigen Gläubigern des Unternehmens. Sie werden vielmehr von dem jeweiligen Unternehmen selbständig erwirtschaftet.

Innenfinanzierungseffekte können auf mehreren Wegen erzielt werden. Der operative Cash Flow kann als die wichtigste Form der Innenfinanzierung angesehen werden, der sich beispielsweise durch Gewinn, Abschreibungsrückflüsse oder aus der Bildung von Rück-

[247] Quelle: Eigene Darstellung

stellungen zusammensetzt. Diese Form der Innenfinanzierung wird auch als „**Selbstfinanzierung**" bezeichnet. Zusätzlich können im Rahmen der Innenfinanzierung Finanzmittel durch Vermögensumschichtungen generiert werden.[248]

3.3.3.3.4.1.1 Offene und stille Selbstfinanzierung

Die Selbstfinanzierung kann ihrerseits in die offene und stille Selbstfinanzierung untergliedert werden. Das wichtigste Instrument der **offenen Selbstfinanzierung** ist die Gewinnthesaurierung. Darunter ist das Einbehalten von Gewinnen zu verstehen, die in einem Unternehmen innerhalb einer bestimmten Periode erwirtschaftet und nicht an die Gesellschafter ausgeschüttet wurden. Diese einbehaltenen Gewinne können z.B. später für die Akquisition eines Zielunternehmens eingesetzt werden.

Bei der **stillen Selbstfinanzierung** werden durch die Ausnutzung von handels- und steuerrechtlichen Bewertungs- und Bilanzierungsspielräumen stille Reserven gebildet und der zu versteuernde Gewinn geschmälert. Es handelt sich bei der stillen Selbstfinanzierung jedoch lediglich um einen Steuerstundungseffekt, wodurch zunächst der Cash Flow geschont wird, aber dem Unternehmen die realisierten Finanzmittel nicht dauerhaft überlassen werden.[249]

3.3.3.3.4.1.2 Vermögensumschichtungen

Neben der Selbstfinanzierung können sich außerdem Vermögensumschichtungen als effektives Mittel zur Liquiditätsschöpfung erweisen. Zu den gängigsten Instrumenten im Rahmen der Vermögensumschichtung zählen:[250]

- ***Asset Stripping:*** Unter „Asset Stripping" ist der Verkauf von nicht betriebsnotwendigem Vermögen, z.B. ei-

[248] Vgl. Kohabe; Hirdes (2011), S. 530

[249] Vgl. Wirtz (2012), S. 175 und Kohabe; Hirdes (2011), S. 530 f.

[250] Vgl. Mittendorfer (2007), S. 166 ff. und Kohabe; Hirdes (2011), S. 531 ff. und Müller (2010), S. 184

ner ungenutzten Immobilie oder stillgelegten Maschine, zu verstehen. Durch diese gezielte Desinvestition kann vormals gebundenes Kapital wieder in Liquidität umgewandelt und für das Akquisitionsvorhaben eingesetzt werden. Beim Asset Stripping können zudem oftmals stille Reserven im Unternehmen gehoben werden. Dies ist der Fall, wenn der Verkaufspreis des jeweiligen Vermögensgegenstandes über dessen Buchwert liegt.

- ***Sale-and-Lease-Back:*** Beim „Sale-and-Lease-Back"-Verfahren werden im Gegensatz zum Asset Stripping bestimmte Teile des betriebsnotwendigen (Anlage-)Vermögens an ein drittes Unternehmen (oftmals eine spezielle Leasinggesellschaft) verkauft, um sie im Anschluss wieder für das eigene Unternehmen zurück zu mieten bzw. zu leasen. Dadurch können im Unternehmen häufig stille Reserven gehoben werden.

- ***Factoring:*** Beim „Factoring" handelt es sich um den Verkauf von Forderungen aus Lieferungen und Leistungen des eigenen Unternehmens gegenüber Drittschuldnern an eine sogenannte Factoring-Gesellschaft. Somit kann direkt Liquidität geschöpft werden.

- ***Asset Backed Securities:*** Bei „Asset Backed Securities" (ABS) handelt es sich um Wertpapiere oder Schuldscheine, die Zahlungsansprüche gegen eine für die ABS-Transaktion speziell gegründete Einzweckgesellschaft (SPV) gewährleisten. Dieser Einzweckgesellschaft werden Forderungsbestände eines Unternehmens mit dem Ziel der Liquiditätsschöpfung übertragen. Im Anschluss werden die Forderungen von dem SPV über den Kapitalmarkt durch die Emission von Wertpapieren (Securities), die durch Vermögensgegenstände (Assets) gesichert (backed) sind, refinanziert.

Abschließend kann bei der Akquisition eines Zielunternehmens die Innenfinanzierung sowohl seitens der Käufer- als auch seitens der Zielgesellschaft angewandt werden. Die damit gewonnene Liquidität kann dann als ergänzendes Eigenkapital in die Finanzierungsstruktur eingebracht oder für den Kapitaldienst verwendet werden.[251]

3.3.3.3.4.2 Außenfinanzierungsinstrumente

In den meisten Fällen reichen das Innenfinanzierungspotenzial und die bereits vorhandene Portokasse des Käuferunternehmens für die Akquisitionsfinanzierung nicht aus. Vielmehr werden **Außenfinanzierungsinstrumente**, d.h. Finanzmittel, die nicht aus dem Unternehmen selbst stammen, sondern von außen über den Kapital- oder Kreditmarkt bereitgestellt werden, hinzugezogen.[252]

Das Spektrum der Außenfinanzierungsinstrumente erstreckt sich von Eigenkapital- über Fremdkapital- bis hin zu hybriden Finanzierungsinstrumenten. Aufgrund der Wichtigkeit bestimmter Finanzierungselemente hinsichtlich Corporate Buy-Outs wird der Fokus nachfolgend auf die Fremd- und Mezzanine-Kapitalinstrumente gelegt.[253]

3.3.3.3.4.2.1 Fremdfinanzierungsinstrumente

Bei Akquisitionsfinanzierungen wird dem Fremdkapital bzw. den Fremdfinanzierungsinstrumenten eine entscheidende Bedeutung zugesprochen. Die Kapitalkosten für die Fremdkapitalaufnahme liegen unter anderem aufgrund der zeitlich limitierten Kapitalüberlassung und der Haftungsfreiheit der Fremdkapitalgeber unterhalb der Kapitalkosten für Eigenkapital. Weiterhin wird die Aufnahme von Fremdkapital bei Akquisitionsfinanzierungen dadurch bevor-

---

[251] Vgl. Kohabe; Hirdes (2011), S. 533

[252] Vgl. Wirtz (2012), S. 288

[253] Für weitere Informationen zum Thema Außenfinanzierung mit Eigenkapitalinstrumenten bietet sich z.B. Kohabe; Hirdes (2011), S. 533 ff. oder Ernst; Häcker (2011), S. 207 f. an.

zugt, dass mit ansteigender Verschuldung unter gegebenen Voraussetzungen von einem **positiven Leverage-Effekt** profitiert werden kann und zudem die Kreditzinsen **steuerlich abzugsfähig** sind. Generell lässt sich sagen, dass die Bereitstellung von Fremdkapital die anzutreffenden Finanzierungsstrukturen bei Unternehmensübernahmen nach wie vor dominiert.[254]

Die folgenden beiden Fremdfinanzierungsinstrumente sind im Rahmen einer Akquisitionsfinanzierung regelmäßig anzutreffen:

- Senior-Terminkredite („Senior Term Loans")
- Betriebsmittelkredit („Revolving Credit Facility")

3.3.3.3.4.2.1.1 Senior Term Loans

Das zur Akquisitionsfinanzierung aufgenommene Fremdkapital setzt sich überwiegend aus vorrangigen Terminkrediten (Senior Term Loans) unterschiedlicher Tranchen (A-, B-, C-, D- etc. Tranchen) zusammen. **Senior-Terminkredite** gelten als die am geringsten ausfallgefährdeten Finanzierungsinstrumente bei Akquisitionsfinanzierungen, da sie i.d.R. gut besichert sind und im Falle einer Liquidation, z.B. aufgrund einer Insolvenz, vorrangig vor allen anderen Finanzierungsinstrumenten zurückgezahlt werden. Senior Term Loans sind langfristige Finanzierungsinstrumente mit typischen Laufzeiten zwischen fünf bis neun Jahren, die nach einem im Vorfeld genau definierten Tilgungsplan zurückgeführt werden.[255]

Ein Senior-Terminkredit wird dem Kreditnehmer oftmals in mehreren Tranchen zur Verfügung gestellt:[256]

- *Senior-A-Tranche:* Hierbei handelt es sich um einen Tilgungskredit mit sechsmonatigen oder zweimonatigen Tilgungszeitpunkten. Dieser Kredit wird demnach über seine Laufzeit in gleichmäßigen Tilgungsraten zurück-

[254] Vgl. Kohabe; Hirdes (2011), S. 557

[255] Vgl. Ernst; Häcker (2011), S. 214

[256] Vgl. Ernst; Häcker (2011), S. 209 ff.

geführt. Die Senior-A-Tranche weist gegenüber den anderen Senior-Tranchen die kürzeste Kreditlaufzeit von meist nicht über sieben Jahren auf.

- ***Senior-B-Tranche:*** Die Senior-B-Tranche wird erst dann zurückgeführt, wenn die A-Tranche vollständig getilgt wurde. Bei dieser Tranche wird der Kreditbetrag häufig in einer Einmalzahlung zum Laufzeitende zurückgezahlt („Bullet Repayment"). Die Laufzeit einer Senior-B-Tranche ist i.d.R. um ein Jahr länger als die einer Senior-A-Tranche. Aufgrund der längeren Laufzeit und der endfälligen Tilgung sind die Kreditkosten einer Senior-B-Tranche höher als die einer A-Tranche.
- ***Senior-C-Tranche:*** Analog zu den B-Tranchen handelt es sich bei Senior-C-Tranchen um endfällige Darlehen, die eine um ein Jahr verlängerte Kreditlaufzeit als B-Tranchen aufweisen. Somit werden sie nach den B-Tranchen zurückgeführt und weisen deshalb eine höhere Verzinsung auf.
- ***Senior-D- etc. Tranchen:*** Hierbei handelt es sich ebenfalls um endfällige Darlehen, die jeweils eine um ein Jahr verlängerte Laufzeit als die vorangegangene Senior-Tranche und mit zunehmender Kreditlaufzeit eine ansteigende Verzinsung aufweisen.

3.3.3.3.4.2.1.2 Betriebsmittelkredit

Der Betriebsmittelkredit soll gewährleisten, dass dem Zielunternehmen zur **Finanzierung des Umlaufvermögens** (Working Capital) ausreichend Liquidität zur Verfügung steht. Er darf auf vertraglicher Basis auch nur für diesen Zweck und beispielsweise nicht für Investitionen in das Anlagevermögen („Capex") des Zielunternehmens verwendet werden. Zur Besicherung eines Betriebsmittelkredits werden regelmäßig die Vorräte sowie die Forderungen aus Lieferungen und Leistungen der Zielgesellschaft herangezogen.

Mit Blick auf die Akquisitionsstrukturierung werden normalerweise die bestehenden Betriebsmittellinien des Zielunternehmens komplett durch einen **Betriebsmittelkredit der akquisitionsfinanzierenden Banken** ersetzt. Auf diesem Weg soll ein Zielkonflikt zwischen den bisherigen finanzierenden Banken und den akquisitionsfinanzierenden Banken umgangen und eine vollständige Kontrolle über das Zielunternehmen erzielt werden. Der „neue" Betriebsmittelkredit verfügt aus Gründen der Ganzheitlichkeit der Akquisitionsfinanzierung dabei über die gleiche Laufzeit wie der Senior Term Loan. Weiterhin ist die Betriebsmittelkreditlinie dabei normalerweise revolvierend, d.h. dass sie von dem Zielunternehmen wiederkehrend in Anspruch genommen werden kann.[257] Um zu gewährleisten, dass die Betriebsmittellinie auch tatsächlich zur Finanzierung des Umlaufvermögens und nicht z.B. für langfristige Investitionen in das Anlagevermögen verwendet wird, wird generell einmal pro Jahr eine vollständige Rückführung des Betriebsmittelkredits („**Clean Down**") vertraglich vereinbart. Nachdem der Betriebsmittelkredit zurückgeführt wurde, kann er vom Zielunternehmen erneut in Anspruch genommen werden (**revolvierende Betriebsmittellinie**).[258]

3.3.3.3.4.2.2 Hybride Finanzierungsinstrumente (Mezzanine)

Mezzanine-Kapital zählt zu den **hybriden Finanzierungsinstrumenten** und kann zwischen Eigen- und Fremdkapital eingeordnet werden. Für Mezzanine-Instrumente bestehen unterschiedlichste Ausgestaltungsmöglichkeiten, weshalb Mezzanine-Kapital als hoch flexibles Finanzierungsinstrument angesehen wird. Trotz der großen Gestaltungsfreiheit vereinen die meisten Mezzanine-Instrumente die folgenden Eigenschaften in sich:[259]

- Nachrangigkeit gegenüber Fremdkapital und Vorrangigkeit gegenüber Eigenkapital (hinsichtlich der Besiche-

[257] Vgl. Kohabe; Hirdes (2011), S. 559

[258] Vgl. Ernst; Häcker (2011), S. 212 ff.

[259] Vgl. Ernst; Häcker (2011), S. 215

rung und Rangfolge im Insolvenzfall)

- kein Mitspracherecht der Mezzanine-Kapitalgeber
- begrenzte Laufzeit, i.d.R. zwischen fünf bis zehn Jahren
- steuerliche Abzugsfähigkeit der Zinszahlungen als betrieblicher Aufwand
- höhere Vergütung als für Fremdkapital und geringere Vergütung als für Eigenkapital

Bei einer Akquisitionsfinanzierung erfüllt Mezzanine-Kapital den Zweck, die Finanzierungslücke nach Berücksichtigung von eingebrachtem Eigenkapital und verfügbarem Fremdkapital zu schließen. Auf Mezzanine-Kapital wird in der Regel immer dann zurückgegriffen, wenn[260]

- abseits des verfügbaren Senior-Loan-Volumens weitere Finanzmittel beansprucht werden sollen/müssen (z.B. zur Überwindung von Finanzierungslücken durch divergierende Kaufpreisvorstellungen von Käufer und Verkäufer),
- noch ausreichend Cash-Flow-Potenzial für eine zusätzliche Kapitalschicht vorhanden ist, das in den kommenden Jahren wenigstens für die Bedienung der Zinsverbindlichkeiten ausreicht,
- ein ansprechendes und realisierbares Wertsteigerungspotenzial im Unternehmen vorliegt und
- keine (wesentliche) Verdünnung („Dilution“) des Eigenkapitals sowie
- allgemein keine (bedeutende) Mitbestimmung durch externe Kapitalgeber im Unternehmen erfolgen soll.

---

260 Vgl. Mittendorfer (2007), S. 148

Dank der hohen Flexibilität des Mezzanine-Kapitals können die Finanzierungsmodalitäten bestmöglich an die spezifischen Rahmenbedingungen einer Unternehmensakquisition angepasst werden. Dies zeigt sich unter anderem anhand besonderer Rückzahlungs- bzw. **Tilgungsmodalitäten** des Mezzanine-Kapitals. Die laufende Finanzierungskostenbelastung kann z.B. durch die Vereinbarung eines **„Equity Kicker"**[261] oder **„Non-Equity Kicker"**[262] reduziert und damit der Cash Flow des Unternehmens geschont werden.[263]

Entsprechend der Strukturierung wird das Mezzanine-Kapital entweder als **„Equity Mezzanine"** (bzw. „Junior Mezzanine") oder als **„Debt Mezzanine"** (bzw. „Senior Mezzanine") bezeichnet.[264] Eine Zuordnung der wichtigsten Mezzanine-Finanzierungsinstrumente zu den Kategorien Equity Mezzanine und Debt Mezzanine kann der Tabelle 3-10 entnommen werden.

Nachfolgend werden aufgrund ihrer Bedeutung bei Akquisitionsfinanzierungen spezifische Mezzanine-Finanzierungsinstrumente genauer beschrieben.

---

261 **Equity Kicker**: Wird ein „Equity Kicker" vereinbart, so erhält der Mezzanine-Kapitalgeber mit der Bereitstellung des Mezzanine-Kapitals zeitgleich den Anspruch zum Gesellschafter des zu finanzierenden Unternehmens zu werden. Dieser Anspruch wird rechtlich in Form einer Option oder eines Wandlungsrechts konstruiert.

262 **Non-Equity Kicker**: Die Ausübung eines Options- bzw. Wandlungsrechts führt zu einer Verwässerung der bisherigen Gesellschafterrechte. Dieser Verwässerung kann mit der Vereinbarung eines „Non-Equity Kicker" entgegengewirkt werden, bei dem der Mezzanine-Kapitalgeber an der Wertsteigerung des zu finanzierenden Unternehmens partizipiert, ohne selbst zum Gesellschafter zu werden.

263 Vgl. Kohabe; Hirdes (2011), S. 542 f. und 560

264 Vgl. Kohabe; Hirdes (2011), S. 540

Equity-Mezzanine-Instrumente	**Debt-Mezzanine-Instrumente**
▪ Vorzugsaktien ▪ Gesellschafterdarlehen ▪ atypisch stille Beteiligungen ▪ Wandelschuldverschreibungen ▪ Optionsanleihen	▪ Nachrangdarlehen ▪ typisch stille Beteiligungen ▪ partiarische Darlehen ▪ Genussscheine ▪ Verkäuferdarlehen ▪ Earn-Out-Finanzierungen ▪ High Yield Bonds

Tabelle 3-10: Equity-Mezzanine- und Debt-Mezzanine-Instrumente[265]

3.3.3.3.4.2.2.1 Gesellschafterdarlehen

Bei einem Gesellschafterdarlehen handelt es sich im Kern um ein „normales" Darlehen. Es wird normalerweise mit einer langen Laufzeit und einer laufenden Verzinsung vereinbart. Im Gegensatz zu einem regulären Bankdarlehen wird das Kapital bei einem Gesellschafterdarlehen jedoch nicht von neuen Kapitalgebern von außen, sondern aus dem **Gesellschafterkreis** bereitgestellt. Zudem führen Gesellschafterdarlehen aufgrund ihrer eigenkapitalähnlichen Behandlung grundsätzlich zu einer Verbesserung des Fremdfinanzierungspotenzials. Der Grund hierfür liegt in der strukturellen Nachrangigkeit der Forderungen der Gesellschafterdarlehensgeber gegenüber den Fremdkapitalgebern im Insolvenzfall.[266]

3.3.3.3.4.2.2.2 Verkäuferdarlehen

Das Verkäuferdarlehen („Vendor Loan" oder „Seller Note") stellt eine Möglichkeit zur Überbrückungshilfe von divergierenden Kaufpreisvorstellungen zwischen Käufer und Verkäufer dar. Hierbei

---

[265] Quelle: Eigene Darstellung in Anlehnung an Ernst; Häcker (2011), S. 225

[266] Vgl. Kohabe; Hirdes (2011), S. 549 f.

wird ein Teil des Kaufpreises in ein Darlehen umgewandelt. Der Verkäufer wird also **vom Anteilseigner zum Darlehensgeber** und gewährt dem Käufer des Zielunternehmens ein (meist nachrangiges) Darlehen. Dadurch wird ein Teil des Kaufpreises gestundet und somit das direkt (zum Zeitpunkt des Closings) zu finanzierende Transaktionsvolumen gesenkt. Die Laufzeit eines Verkäuferdarlehens bewegt sich i.d.R. zwischen einem bis drei Jahren.[267] Wegen dem häufig vereinbarten Rangrücktritt des Verkäufers hinter allen anderen verzinsten Fremdkapitalforderungen im Insolvenzfall wird ein Vendor Loan bei der Strukturierung oftmals als (wirtschaftliches) Eigenkapital angesehen. Ein Verkäuferdarlehen wird zudem vielfach ohne zugrundeliegende Sicherheiten begeben. Ein Vendor Loan wird je nach Ausgestaltung in mehreren Raten oder als Einmalzahlung zum Laufzeitende zurückgeführt, wodurch dem Käufer ein gewisser finanzieller Spielraum in puncto Akquisitionsfinanzierung eingeräumt wird.[268]

3.3.3.3.4.2.2.3 Earn-Out-Finanzierung

Bei einer „Earn-Out-Finanzierung" setzt sich der vom Käufer an den Verkäufer zu bezahlende Kaufpreis aus einer **fixen Kaufpreiskomponente** und einer **ergebnisabhängigen (variablen) Kaufpreiskomponente** („Earn-Out") zusammen. Hierbei wird zum Zeitpunkt des Closings der Verkaufstransaktion direkt eine fixe Kaufpreiskomponente an den Verkäufer bezahlt und eine variable Kaufpreiskomponente in den kommenden Jahren in Abhängigkeit von der wirtschaftlichen Performance des Zielunternehmens in Form von meist jährlichen Zahlungen[269] entrichtet. Durch den variablen Kaufpreisbestandteil partizipiert der Verkäufer für einen

---

[267] Vgl. Kohabe; Hirdes (2011), S. 551

[268] Vgl. Müller (2010), S. 192 und Mittendorfer (2007), S. 138

[269] Je nach Laufzeitvereinbarung der Earn-Out-Finanzierung und der Höhe der fixen Kaufpreiskomponente kann sich der Earn-Out beispielsweise folgendermaßen darstellen: 1,5x EBIT (des Zielunternehmens) im ersten Jahr nach Closing, 1,0x EBIT im zweiten Jahr, 1,0x EBIT im dritten Jahr.

festgelegten Zeitraum somit weiterhin an der zukünftigen wirtschaftlichen Entwicklung der Zielgesellschaft.[270]

Earn-Out-Finanzierungen finden typischerweise in den folgenden Situationen Anwendung: [271]

- Eine Earn-Out-Finanzierung kann als Überbrückungshilfe unterschiedlicher Kaufpreisvorstellungen von Käufer und Verkäufer fungieren.
- Beim Verkauf eines Familienunternehmens („Lebenswerk“) kann durch einen Earn-Out die psychologische Hemmschwelle des Verkäufers gegenüber der Verkaufstransaktion (aufgrund seiner starken Bindung an das Zielunternehmen) durch dessen sukzessiven Rückzug aus dem Unternehmen abgebaut werden.
- Ein Earn-Out bietet sich auch dann an, wenn der (die) Verkäufer zum Zeitpunkt der Unternehmensveräußerung eine (mehrere) zentrale Führungsposition(en) im Zielunternehmen innehaben. In dieser Situation kann es sinnvoll sein, den (die) Verkäufer noch für eine bestimmte Zeit im Zielunternehmen als aktive Manager zu behalten, bis die geplante neue Geschäftsführung eingearbeitet ist. Somit hat (haben) der (die) Verkäufer noch „skin in the game“ und werden das Unternehmen für die nahe Zukunft bestmöglich weiterführen.
- Zuletzt erscheint eine Earn-Out-Finanzierung bei der Überwindung von Bewertungsunsicherheiten (z.B. Zielunternehmen steckt in einer Krisensituation; Zielunternehmen weist in der nahen Vergangenheit stark volatile Erträge auf; Verkäufer begründet hohe Verkaufspreisvorstellungen zum Großteil mit der Planung bzw. zukünftigen Unternehmensentwicklung) als sinnvolle Finanzierungsalternative.

---

[270] Vgl. Mittendorfer (2007), S. 139 und Kohabe; Hirdes (2011), S. 552

[271] Vgl. Mittendorfer (2007), S. 139 und Kohabe; Hirdes (2011), S. 552

3.3.3.3.4.2.2.4 High Yield Bonds

Mit steigenden Transaktions- bzw. Finanzierungsvolumina nimmt im Rahmen von Akquisitionsfinanzierungen die Bedeutung von Finanzierungsinstrumenten des Kapitalmarktes, wie z.B. **Unternehmensanleihen** („Corporate Bonds"), zu. Auf diesem Weg können oftmals wesentlich größere Volumina als über den Free Cash Flow oder die verfügbaren Kreditfazilitäten finanziert werden.[272]

Unternehmensanleihen sind rechtlich gesehen **Schuldverschreibungen** und allgemein ein Instrument der langfristigen Fremdkapitalbeschaffung über den Kapitalmarkt. Die Begebung („Emission") einer Unternehmensanleihe kann entweder über einen dafür vorgesehenen Börsenplatz oder über ein „Private Placement" erfolgen. Aufgrund der hohen Strukturierungs-, Platzierungs- und laufenden Notierungskosten ist die Börsenemission einer Unternehmensanleihe i.d.R. ab einem Emissionsvolumen von ca. 25 Mio. Euro wirtschaftlich sinnvoll und damit eher großen Unternehmen vorbehalten. Die außerbörsliche Emission (Private Placement) kann demgegenüber bereits mit einem einstelligen Emissionsvolumen unter wirtschaftlichen Gesichtspunkten geschehen.[273]

Im Allgemeinen setzt die Begebung eines Corporate Bonds die **Kapitalmarktfähigkeit** des Unternehmens (z.B. interessante Equity Story, starke Wettbewerbsposition, stabile und gesunde Ertragslage, angemessener Verschuldungsgrad etc.) und ein **externes Kreditrating**[274] des Unternehmens durch eine Ratingagentur (z.B. Creditreform, Dominion Bond Rating Service, Standard & Poor's, Moodys, Fitch etc.) voraus.[275]

---

[272] Vgl. Wirtz (2012), S. 290

[273] Vgl. Kohabe; Hirdes (2011), S. 539

[274] Im Rahmen eines Kreditratings wird durch eine anerkannte bzw. zertifizierte Ratingagentur eine systematische und qualitative Bewertung der Bonität (Zahlungsfähigkeit) eines Schuldners abgegeben. Je geringer die Bonitätsbewertung ausfällt, desto geringer ist die Kreditwürdigkeit des Unternehmen und desto höher die Verzinsung (Kupon) der Unternehmensanleihe.

[275] Vgl. Rodde (2012), S. 330

Mit Blick auf Akquisitionsfinanzierungen kann als Beispiel die im September 2012 emittierte Unternehmensanleihe der KTG Energie AG, eines der größten deutschen Produzenten erneuerbarer Energie aus Biogas, genannt werden. Dabei wurde eine Mittelstandsanleihe im Entry Standard der Börse Frankfurt mit einem Emissionsvolumen von 50 Mio. Euro (geplantes Emissionsvolumen: 25 Mio. Euro), einer Laufzeit von sechs Jahren und einem Kupon von 7,250 % pro Jahr platziert. Die KTG Energie AG plante den Emissionserlös neben dem Bau neuer Biogasanlagen primär für Wachstumsfinanzierungen (speziell für Akquisitionen) einzusetzen.[276]

Sobald Corporate Bonds **nachrangig strukturiert** und dadurch mit einer risikoadäquaten höheren Verzinsung ausgestattet werden, spricht man von Hochzinsanleihen („**High Yield Bonds**"). Sie finden bei der Finanzierung von Unternehmensübernahmen mit hohen Transaktionsvolumina ihre Anwendung. Das Mindestemissionsvolumen von High Yield Bonds liegt bei ca. 150 Mio. Euro. Aufgrund der Laufzeit von regelmäßig acht bis zwölf Jahren stellen Hochzinsanleihen bei Corporate Buy-Outs mit hohem Kapitalbedarf eine sinnvolle Kapitalquelle dar, da ihre Laufzeit mit dem langfristigen Investmenthorizont eines strategischen Investors korreliert.[277]

3.3.3.3.5 Ablauf einer Akquisitionsfinanzierung

Der konkrete Ablauf einer Akquisitionsfinanzierung ist abhängig von der Komplexität der geplanten M&A-Transaktion, der Qualität der Transaktionsvorbereitung und der Erfahrung der involvierten Parteien (inkl. der Berater).[278] Generell sollte im Rahmen einer M&A-Transaktion möglichst frühzeitig ein **tragfähiges Finanzierungskonzept** ausgearbeitet werden, da eine optimale Finanzierungsstruktur die Basis für einen erfolgreichen Unternehmenskauf darstellt.[279]

---

[276] Vgl. Finanzen.net (2012) und Deutsche Börse (2013)

[277] Vgl. Mittendorfer (2007), S. 155 und Rodde (2012), S. 330

[278] Vgl. Mittendorfer (2007), S. 177

[279] Vgl. Kohabe; Hirdes (2011), S. 561

Bei übergeordneter Betrachtung lässt sich der Ablauf einer Akquisitionsfinanzierung typischerweise in zwei Phasen unterteilen:

- Analysen vor Transaktionsabschluss
- Analysen nach Transaktionsabschluss

Die **Analysen vor Transaktionsabschluss** lassen sich wiederum in fünf regelmäßig anzutreffende Schritte unterteilen:[280]

[1] **Analyse des Businessplans**:
Nachdem eine M&A-Transaktion durch einen Verkäufer oder Käufer implementiert wurde und der M&A-Prozess über die Kontaktaufnahme und den Austausch vertraulicher Informationen (z.B. Informationsmemorandum) hinweg fortgeschritten ist, legt der Kaufinteressent den Businessplan des Zielunternehmens („Management Case“) ausgewählten Fremdkapitalgebern vor. Anschließend geben diese eine erste Einschätzung der Finanzierbarkeit der geplanten Transaktion ab. Der Businessplan sollte dabei mindestens die kommenden drei Geschäftsjahre behandeln und Informationen über die Bilanz, die Gewinn- und Verlustrechnung sowie die Kapitalflussrechnung beinhalten.

[2] **Due Diligence-Phase**:
Im nächsten Schritt folgt die Due Diligence-Phase. Im Zentrum der Analyse steht hierbei die Untersuchung des Businessplans des Zielunternehmens (Management Case) vor der Wettbewerbssituation der Zielgesellschaft. Es wird vor allem die Plausibilität hinsichtlich der Planungstechnik und der getroffenen Annahmen durchleuchtet bzw. überprüft. Dabei wird eine externe Due Diligence durch spezialisierte Berater durchgeführt, die den Ausführungen aus dem vorherigen Kapitel „Beleuchtung finanzwirtschaftlicher Aspekte im M&A-Prozess“ entspricht. Zusätzlich wird eine interne Due Diligence von

[280] Vgl. Ernst; Häcker (2011), S. 243 und Rodde (2012), S. 338 f.

den akquisitionsfinanzierenden Banken ausgeführt, die auf die Kreditvergabeentscheidung abzielt.

[3] **Überarbeiteter Businessplan**:
Auf Grundlage der Ergebnisse der Due Diligence wird im dritten Schritt ein überarbeiteter Businessplan für das Zielunternehmen auf Basis von EDV-basierten Finanzmodellen erstellt. Das Ziel ist, ein möglichst wahrscheinliches Szenario zu bestimmen, das die Grundlage für die Unternehmensbewertung und Preisindikation darstellt. Der überarbeitete Businessplan bildet den Ausgangspunkt für die Finanzierungsstruktur („Financing Case"). Im Mittelpunkt des Financing Case steht die Bestimmung des Free Cash Flows, der für den aus der Akquisitionsfinanzierung resultierenden Schuldendienst herangezogen werden kann.

[4] **Financing Case und Finanzierungsstruktur**:
Im vierten Schritt wird aus dem Financing Case die definitive Finanzierungsstruktur (inkl. Höhe der Mittel der Eigen-, Mezzanine- und Fremdkapitalgeber) abgeleitet.

[5] **Signing und Closing**:
Abschließend werden der Kreditvertrag und weitere Verträge (z.B. Kaufvertrag) unterschrieben („Signing") und nach Einholung von weiteren Genehmigungen der Kaufpreis bezahlt und die Leistungsbefugnis vom Verkäufer auf den Käufer übertragen („Closing").

Die **Analysen nach Transaktionsabschluss** bestehen im Kern aus einer Haupttätigkeit: dem „Monitoring". Unter dem Monitoring ist die laufende **Analyse des Kreditrisikos** nach Transaktionsabschluss durch die akquisitionsfinanzierenden Banken zu verstehen. Es ist im Rahmen von Akquisitionsfinanzierungen deswegen absolut erforderlich, da Akquisitionsfinanzierungen wegen der Cash Flow-Orientierung ein wesentlich höheres Kreditrisiko als normale Unternehmenskredite aufweisen. Für den Kreditnehmer resultieren daraus regelmäßig deutlich höhere und strengere Informationspflichten während der Laufzeit des Akquisitionskredits. Als Indikatoren bzw. Kontrollinstrument für die Entwicklung des Kreditrisikos werden Finanzkennzahlen („**Financial Covenants**“) herangezogen, die im Kreditvertrag festgehalten und definiert sind. Für vereinbarte Finanzkennzahlen werden für jedes Finanzquartal ein Mindest- und ein Höchstwert festgelegt. Werden diese Intervallschranken der Finanzkennzahlen über einen definierten Zeitraum mehrmals nicht eingehalten, so kann die akquisitionsfinanzierende Bank den Akquisitionskredit kündigen und die Rückzahlung anordnen. **Finanzkennzahlen**, die im Rahmen des Monitorings bei Akquisitionsfinanzierungen regelmäßig ihre Anwendung finden, sind:

- Dynamischer Verschuldungsgrad („Net Debt Ratio“) = Net Debt / EBITDA
- Zinsdeckungsgrad („Interest Coverage Ratio“ auf EBIT-Basis) = EBIT / Zinsaufwand

Generell sind jedoch die Auswahl und die Definition der Finanzkennzahlen sowie deren jeweilige Grenzwerte von Unternehmenstransaktion zu Unternehmenstransaktion unterschiedlich.[281]

3.3.3.3.6 Unterschiede bei der Akquisitionsfinanzierung für mittelständische und große Zielunternehmen bei Corporate Buy-Outs

Grundsätzlich kann gesagt werden, dass sich die Möglichkeiten einer Akquisitionsfinanzierung bei mittelständischen Unternehmen sehr stark auf klassische Finanzierungsformen beschränken. Im Folgenden sollen typische Finanzierungen der Akquisitionsfinanzierung im Mittelstand besprochen werden:

- Finanzierung aus Eigenmitteln des Unternehmens
- Finanzierung durch Eigenkapitalzuführung der Eigner
- Finanzierung durch Eigenkapitalzuführung von Betei-

---

[281] Vgl. Rodde (2012), S. 340 und Ernst; Häcker (2011), S. 242

ligungsgesellschaften
- Finanzierung durch Eigenkapitalzuführung mittels eines Börsenganges
- Finanzierung durch einen klassischen Bankkredit

Finanzierung aus Eigenmitteln **des Unternehmens**

Die sicherste und wahrscheinlich gesündeste Finanzierungsform von Unternehmenstransaktionen im Mittelstand ist die Finanzierung durch Eigenmittel (Innenfinanzierung), die im Rahmen der Gewinnthesaurierung geschaffen wurden. Damit ist sichergestellt, dass sich der mittelständische Käufer den Unternehmenserwerb auch tatsächlich „leisten" kann. Ein Scheitern des Erfolgs der Unternehmenstransaktion würde einen Verlust von Eigenmitteln bedeuten und damit zukünftige Investitionsmöglichkeiten deutlich einschränken. Eine Existenzbedrohung für das Unternehmen würde aber dieser „worst case" nicht bedeuten.

Eine Finanzierung aus Eigenmitteln des Unternehmens setzt ein erfolgreiches Geschäftsmodell voraus, das hohe Gewinne erlaubt und die Strategie verfolgt, die erwirtschafteten Gewinne nicht an die Eigner auszuschütten, sondern im Unternehmen zu thesaurieren.

Finanzierung durch Eigenkapitalzuführung der Eigner

Reichen die im Unternehmen vorhandenen Eigenmittel zu einer vollständigen Finanzierung der Unternehmenstransaktion mit Eigenkapital nicht aus, bietet es sich an, Eigenkapital extern durch die Eigentümer des Unternehmens zuzuführen. Technisch läuft dies über eine Eigenkapitalerhöhung ab. Eigenkapitalzuführungen der Eigner konnten während der Finanzkrise beobachtet werden. Massive Geschäftseinbrüche führten dazu, dass die Eigner Eigenkapital zuführen mussten, um das Überleben der Unternehmen in dieser kritischen Phase sicherzustellen. Eigenkapitalerhöhungen zu einer einhundertprozentigen Finanzierung von Unternehmenskäufen mit Eigenkapital sind in der Praxis selten zu beobachten, da die Eigner mittelständischer Unternehmen häufig schon einen Großteil ihres Privatvermögens im Unternehmen investiert haben. Eigenkapitalerhöhungen bei mittelständischen Unternehmenstransaktionen sind jedoch häufiger dann zu beobachten, wenn die Eigenkapitalbasis erhöht werden soll, um zusätzliches Fremdkapital für die Akquisitionsfinanzierung aufnehmen zu können.

Finanzierung durch Eigenkapitalzuführung von Beteiligungsgesellschaften

Stehen die Eigner des Unternehmens als Eigenkapitalgeber für die Akquisitionsfinanzierung nicht zur Verfügung, bietet sich eine Kapitalerhöhung durch eine Kapitalbeteiligungsgesellschaft an. Konkret bedeutet dies, dass zur Eigenkapitalfinanzierung eines Unternehmenskaufs zunächst Anteile des kaufenden mittelständischen Unternehmens an eine Kapitalbeteiligungsgesellschaft verkauft werden, um mit der dadurch verbundenen Kapitalerhöhung in Verbindung mit einer Fremdkapitalfinanzierung den geplanten Unternehmenserwerb finanzieren zu können. Für das mittelständische Unternehmen bedeutet dies, dass es zunächst eine Minderheitsbeteiligung an einen Finanzinvestor (Private-Equity-Gesellschaft) veräußert, bevor es mit diesem Kapital die Akquisitionsfinanzierung stemmen kann. Die Einbeziehung einer Kapitalbeteiligungsgesellschaft in den bisherigen Gesellschafterkreis bietet sich dann an, wenn die bisherigen Eigner des Unternehmens das Unternehmenswachstum durch Unternehmensakquisition nicht mit Eigenkapital finanzieren können, die Unternehmensakquisition aber für die weitere Entwicklung und den Erfolg des Unternehmens entscheidend ist.

Bei der Einbeziehung einer Kapitalbeteiligungsgesellschaft muss man wissen, dass diese nur ein „Partner auf Zeit“ ist. Die Finanzierung ist zweckgebunden (im gegebenen Fall die Akquisitionsfinanzierung) und der Finanzierungshorizont ist entsprechend begrenzt (in der Regel 5 bis 7 Jahre). Danach muss eine Folgefinanzierung sichergestellt sein, was häufig bei mittelständischen Unternehmen mit begrenzten Finanzierungsmöglichkeiten ein Problem darstellt. Ferner haben Beteiligungsgesellschaften hohe Renditeforderungen, die ungefähr bei 15 % bis 25 % IRR (Internal Rate of Return = interne Verzinsung) liegen. Das bedeutet, dass die Unternehmensakquisition definitiv erfolgreich sein muss. Ansonsten ist der Bestand der Eigentümerposition der bisherigen Gesellschafter gefährdet, da sich Kapitalbeteiligungsgesellschaften in der Regel Put-Optionen im Beteiligungsvertrag einräumen lassen. Put-Optionen bedeuten vereinfachend gesagt, dass die Kapitalbeteiligungsgesellschaft das Recht hat, nach fünf bis sieben Jahren ihre Minderheitsanteile zu einem fest vereinbarten IRR an die Mehrheitsgesellschafter anzudienen. Können diese aus finanziellen Gründen diese Anteile nicht erwerben, so hat die Beteiligungsgesellschaft das Recht, 100% der Anteile des Unternehmens zu veräußern. Die Beteiligten bekommen dann selbstverständlich entsprechend ihrer Beteiligungsquote die Anteile am Veräußerungserlös. Dies kann aber auch den Verlust eines Familienunternehmens bedeuten. Aus der Chance des Wachstums durch Unternehmensakquisition kann im "worst case" der totale Beteiligungsverlust am Unternehmen resultieren.

Das für den Mittelstand so wichtige Thema „Management Buyout", bei dem ein im Unternehmen tätiger Manager oder ein Management-Team die Unternehmensanteile im Rahmen einer Nachfolgeregelung übernimmt, ist ohne Finanzinvestoren kaum realisierbar. Kapitalbeteiligungsgesellschaften, die sich auf mittelständische Unternehmen konzentrieren, sind jedoch nur in geringer Anzahl vorhanden. Die meisten mittelstandsorientierten Kapitalbeteiligungsgesellschaften investieren in Unternehmen, deren Umsatz größer als 50 Mio. Euro ist.

Finanzierung durch Eigenkapitalzuführung mittels eines Börsenganges

Der Punkt der Finanzierung einer Unternehmensakquisition durch einen Börsengang wird nur der Vollständigkeit wegen aufgeführt. Ein Börsengang stellt eine Möglichkeit dar, die Eigenkapitalbasis eines Unternehmens zu erhöhen. Das ist soweit korrekt. Der Börsengang stellt jedoch eine strategische Entwicklung im Unternehmenslebenszyklus dar. Dieser Schritt von einem mittelständisch geprägten Unternehmen zu einem börsennotierten Unternehmen stellt einen wichtigen Meilenstein dar, dessen positive wie negative Konsequenzen genau abgewogen sein müssen. Um es kurz zu machen: Wegen der Finanzierung eines Unternehmenserwerbs wird kein Unternehmen an die Börse gehen. Vielmehr sind Unternehmenskäufe nach einem Börsengang eine Möglichkeit, die strategischen Ziele des Unternehmens (wie bspw. Ausweitung des Marktanteils, Einstieg in neue Technologien, Internationalisierung usw.) zu realisieren.

Finanzierung durch einen klassischen Bankkredit

Der klassische Bankkredit stellt die zentrale Akquisitionsfinanzierung für mittelständische Unternehmen dar. Er entspricht im Prinzip dem Senior Term Loan oder einem langfristigen Bankkredit, der zu 100 % abgesichert ist. In den Sicherheiten liegt der limitierende Faktor für mittelständische Unternehmen. Stehen noch genügend Sicherheiten für die Akquisitionsfinanzierung in Form eines klassischen Bankkredits zur Verfügung, steht diese Finanzierungsform mittelständischen Unternehmen in der Regel problemlos zur Verfügung. Da wachstumsstarke Unternehmen ihre Expansion häufig mit Fremdkapital finanzieren, sind die noch vorhandenen Sicherheiten für größere Investitionen wie Unternehmenskäufe häufig nicht ausreichend. Fehlende Sicherheiten sind ein großer Wachstumshemmnis im Mittelstand. Die einzige Lösung ist es, Eigenkapital in den zuvor erwähnten Varianten aufzunehmen.

Großunternehmen fällt die Genehmigung und Bewältigung einer Akquisitionsfinanzierung grundsätzlich leichter als mittelständischen Unternehmen. Die Ausgabe von Unternehmensanleihen ist ein beliebtes Mittel, Akquisitionen außerhalb des Bankensektors zu finanzieren. Auch bei On-Balance-Finanzierungen und Off-Balance-Finanzierungen haben Großunternehmen Vorteile, da komplexe Akquisitionsfinanzierungen mit anschließender Syndizierung ein gewisses Mindestfinanzierungsvolumen erfordern, um von der Kostenseite her für Unternehmen attraktiv zu sein. Andererseits ist der Trend zu beobachten, dass Finanzierungsinstrumente, die sich bei Großunternehmen bewährt haben, in modifizierter Form verstärkt auch für mittelständische Unternehmen angeboten werden. Hierzu seien beispielsweise Mittelstandsanleihen genannt oder das vermehrte Angebot von Cash-Flow-orientierten Akquisitionsfinanzierungen.

3.3.3.3.7 Checklisten: Überblick Akquisitionsfinanzierung, Rahmenbedingungen einer Akquisitionsfinanzierung, Finanzierungsinstrumente und Ablauf einer Akquisitionsfinanzierung

Checkliste: Überblick Akquisitionsfinanzierung

- ☑ Der erfolgreiche Erwerb eines Unternehmens bzw. von Unternehmensteilen hängt stets von der Verfügbarkeit der dafür vorgesehenen Finanzierungsmittel ab.
- ☑ Der Begriff Akquisitionsfinanzierung steht für die Finanzierung der Akquisition eines Unternehmens, Unternehmensteils oder einer Unternehmensgruppe.
- ☑ Akquisitionsfinanzierungen sind eine Cash-Flow-gerichtete Finanzierungsform.
- ☑ Ziele der Eigenkapitalgeber (Finanzinvestoren):
  - ☑ hohe Rentabilität bzw. hohe Internal Rate of Return (IRR)
  - ☑ Haftungsbeschränkung
  - ☑ hohe Vertragsflexibilität
  - ☑ geringe Kosten
- ☑ Ziele der Fremdkapitalgeber:
  - ☑ geringer Fremdfinanzierungsanteil
  - ☑ Kreditsicherheiten
  - ☑ Syndizierungsfähigkeit des Kredits am Markt
  - ☑ hohe Rendite

Checkliste: Rahmenbedingungen einer Akquisitionsfinanzierung

- ☑ Bei Akquisitionsfinanzierungen setzt sich das Transaktionsvolumen aus dem Kaufpreis und den Transaktionsnebenkosten (z.B. Due Diligence-Kosten und Beratungskosten) zusammen.

- ☑ Zwei Arten der Strukturierung von Corporate Buy-Outs:
  - ☑ **Direkte Akquisition**
    Bei der direkten Akquisition findet ein unmittelbarer Erwerb der Anteile an der Zielgesellschaft durch den strategischen Käufer selbst statt.
  - ☑ **Indirekte Akquisition**
    Bei der indirekten Akquisition wird eine Einzweckgesellschaft vom Käufer gegründet, die als Erwerber der Anteile an der Zielgesellschaft in Erscheinung tritt.

    Die indirekte Akquisition erfolgt normalerweise in fünf Schritten: 1) Gründung einer Einzweckgesellschaft, 2) Ausstattung der Einzweckgesellschaft mit Finanzmitteln, 3) Ausstattung der Zielgesellschaft mit Finanzmitteln, 4) Erwerb der Zielgesellschaft durch die Einzweckgesellschaft, 5) Verschmelzung der Zielgesellschaft mit der Einzweckgesellschaft.
- ☑ In der Transaktionspraxis wird oftmals auf eine Kombination aus Share Deal und Asset Deal zurückgegriffen.
- ☑ Die Schuldendienstfähigkeit, die eine entscheidende Bemessungsgrundlage für die Vergabe von Akquisitionsdarlehen repräsentiert, wird primär über eine Cash-Flow-Analyse ermittelt („strukturierte Finanzierung").
- ☑ Eine optimale Akquisitionsstruktur sollte folgende Anforderungen erfüllen:
  - ☑ Der Käufer wünscht oftmals eine Haftungsbegrenzung auf seinen Eigenmitteleinsatz.
  - ☑ Die Transaktion sollte steuerlich optimiert werden.
  - ☑ Die Finanzierungsstruktur muss für den Käufer und das Zielunternehmen tragbar sein.
  - ☑ Die Finanzierung muss sicher sein. Die benötigten Finanzmittel müssen fristgerecht und im erforderlichen Umfang zur Verfügung stehen.
  - ☑ Die Kapitalgeber müssen eine dem Risiko angemessene Rendite erwarten können.

- ☑ Das Käuferunternehmen bzw. die NewCo sollte problemlos auf die Free Cash Flows des Zielunternehmens zur Bedienung der Akquisitionskredite zugreifen können.

☑ Die folgenden Faktoren fließen regelmäßig in die Wahl der geeigneten Finanzierungsinstrumente ein:

- ☑ Transaktionsvolumen
- ☑ Rechtsform
- ☑ Unternehmensgröße
- ☑ Verschuldungsgrad
- ☑ Besicherungspotenzial
- ☑ Liquiditätslage und Ertragskraft des Zielunternehmens
- ☑ Rentabilität
- ☑ zeitliche Verfügbarkeit der Finanzierungsinstrumente
- ☑ Finanzierungskosten

Checkliste: Finanzierungsinstrumente

☑ In der Praxis wird das Transaktionsvolumen bei einer Akquisition überwiegend durch haftendes Eigenkapital und verfügbares Fremdkapital bereitgestellt.

☑ Entstehende Finanzierungslücken werden z.B. durch Mezzanine-Kapital geschlossen.

☑ Es wird demnach regelmäßig ein Finanzierungsmix zur Realisierung einer geplanten Akquisition gewählt.

☑ Finanzierungsinstrumente bei Corporate Buy-Outs

- ☑ **Innenfinanzierungsinstrumente**
  - Offene und stille Selbstfinanzierung
  - Vermögensumschichtungen
- ☑ **Außenfinanzierungsinstrumente**
  - Fremdfinanzierungsinstrumente: Senior Term Loans und Betriebsmittelkredit

- Hybride Finanzierungsinstrumente (Mezzanine): Equity Mezzanine und Debt Mezzanine

Checkliste: Ablauf einer Akquisitionsfinanzierung

☑ Der konkrete Ablauf einer Akquisitionsfinanzierung ist abhängig von der Komplexität der geplanten M&A-Transaktion, der Qualität der Transaktionsvorbereitung und der Erfahrung der involvierten Parteien.

☑ **Analysen vor Transaktionsabschluss**

„Management Case" → Due Diligence-Phase → revidierter Businessplan und „Financing Case" → endgültige Finanzierungsstruktur → „Signing" und „Closing"

☑ **Analysen nach Transaktionsabschluss**

„Monitoring"

3.4 Phase IV: Abschlussphase

Der konkludierende Abschnitt eines Unternehmensverkaufs ist die Abschlussphase. Bis zu dieser Stelle im M&A-Prozess wurde, sowohl vom Verkäufer als auch vom Käufer sowie deren Beratern, umfassende Vorarbeit geleistet. Alle beteiligten Parteien haben viel Zeit und Nerven in den Prozess investiert und zielen darauf ab, die Unternehmenstransaktion „unter Dach und Fach" zu bringen. Das bedeutet jedoch nicht, dass mit dem Erreichen der Vertragsverhandlungen der Transaktionsabschluss so gut wie sicher ist. Die Schlussphase vor der finalen Vertragsunterzeichnung gilt als kritische Etappe, in der zahlreiche M&A-Transaktionen scheitern.[282] Oftmals können Kompromisslosigkeit, abweichende Preisvorstellungen oder plötzlich auftauchende Informationen bzw. Risiken des Zielunternehmens den gesamten Transaktionserfolg gefährden.

[282] Vgl. Wirtz (2012), S. 291

Die Abschlussphase eines M&A-Prozesses setzt sich üblicherweise aus den folgenden Elementen zusammen:

- Vertragsverhandlungen
- Verbindliches Angebot
- Kaufvertrag (Signing)
- Closing

3.4.1 Vertragsverhandlungen

Die Dauer und Intensität der Verhandlungen von Kaufvertragsdetails zwischen Verkäufer und Käufer richten sich nach der Komplexität der Unternehmenstransaktion und dem vorliegenden Level an Übereinkommen, z.B. hinsichtlich des Kaufpreises oder der Garantien, zwischen Käufer und Verkäufer. Neben der rechtlichen Ausgestaltung der Verträge, mit starkem Fokus auf **käuferseitige Garantien**, wird über den zu entrichtenden **Kaufpreis** verhandelt.[283] Im Rahmen bzw. Vorfeld der Vertragsverhandlungen ist es wichtig, ein Gespür für die Ziele und Wünsche des jeweils anderen Verhandlungspartners zu entwickeln. Das Ziel der Vertragsverhandlungen sind beidseitige Einigungen, die sowohl den Vorstellungen des Käufers als auch des Verkäufers entsprechen. Beide Parteien sollten mit dem Gefühl aus den Verhandlungen treten, dass sie mehr gewonnen haben als sie aufgeben mussten („**Win-Win-Situation**").

Verhandlungen, die darauf abzielen, eine Vereinbarung über eine Unternehmensfusion oder -übernahme zu treffen, haben einen wesentlichen Einfluss auf das Transaktionsergebnis. Der Erfolg einer Transaktion wird nicht allein durch eine exzellente Unternehmens- und Transaktionsanalyse bestimmt. Zudem ist ein ausgeprägtes **Verhandlungsgeschick** von entscheidender Bedeutung. Die Investmentbank bzw. M&A-Boutique bereitet ihren Mandanten deshalb oftmals umfangreich auf die Verhandlungsgespräche vor.

---

[283] Vgl. Mohr; Bärtl (2012), S. 247

Die Verhandlungsvorbereitungen bei einer M&A-Transaktion umfassen folgende Haupttätigkeiten:[284]

- Bewertung der gegenwärtigen strategischen Situation und alternativer strategischer Maßnahmen für den Käufer und das Zielunternehmen
- Bewertung des Zielunternehmens anhand unterschiedlicher Bewertungsverfahren
- Bestimmung einer Preisspanne (inkl. des „walk away price“[285])
- Beherrschung verschiedener Techniken und Taktiken bei der Angebotsunterbreitung
- Ermittlung der besten Alternative, falls eine Einigung nicht herbeigeführt werden kann (BATNA = Best Alternative To a Negotiated Agreement)
- Abwägung möglicher Kompromisse
- Identifikation wichtiger Akteure und deren Interessen
- Mögliche Verhandlungsszenarien bereits im Voraus im Kopf durchspielen
- Überprüfung der Reputation der Gegenpartei
- Bewertung der Auswirkung entstehender Verhandlungskosten

Aktuelle Verhandlungen können mit Fokus auf folgende Punkte geführt werden:[286]

---

[284] Vgl. Ernst; Häcker (2011), S. 57

[285] Der „walk away price“ ist derjenige Preis, ab dem der Kaufinteressent von seinem Verkaufsvorhaben zurücktritt, da es ihm zu kostspielig wird.

[286] Vgl. Ernst; Häcker (2011), S. 57

- Suche nach Kompromissen
- Offene und ehrliche Verhandlungsstrategie
- Berücksichtigung der Wichtigkeit des Faktors „Zeit"
- Bewahrung von Respekt gegenüber der Unternehmenskultur der Gegenpartei

Zu den wesentlichen Verhandlungstaktiken zählen:[287]

- Trennung von Problemen und Personen
- Fokus auf Interessen anstelle von Positionen
- Es gibt keine „Gewinner" oder „Verlierer"
- Nach einer Win-Win-Lösung für beide Parteien suchen
- Preis und Corporate Governance dürfen nicht vernachlässigt werden
- Erstellung von objektiven Kriterien

Neben den Verhandlungsvorbereitungen, -punkten und -taktiken müssen zudem potenziell auftretende Risikofaktoren bedacht werden. Stimmt die **Chemie zwischen den beiden Parteien** (z.B. zwischen den Geschäftsführern des Käufers und Verkäufers) nicht, wird kein Preis der Welt einen Transaktionsabschluss herbeiführen. Eine solche Situation könnte zum Beispiel durch eine unbeabsichtigte Beleidigung bzw. Kränkung einer Partei hervorgerufen werden, wodurch diese eine defensive bzw. ablehnende Haltung einnimmt. Weiterhin können **nachteilige Bewegungen des Aktienmarktes** oder **Zinsniveaus** die Verhandlungsphase beeinträchtigen. Solche Szenarien können die Finanzierung einer Transaktion, aufgrund drastischer Kursveränderungen am Kapitalmarkt, plötzlich erheblich verteuern. Eine vormals attraktive Unternehmens-

[287] Vgl. Ernst; Häcker (2011), S. 57

transaktion kann somit unter zielführenden Akquisitionskriterien nicht mehr durchgeführt werden, und die Verhandlungen werden abgebrochen. Außerdem kann eine sorgfältige **Due Diligence** negative Informationen über das zum Verkauf stehende Unternehmen enthüllen, die unerwartete Verpflichtungen, Steuer- und Bilanzierungsprobleme sowie Arbeitsstreitigkeiten hervorrufen können. Solche „**Leichen im Keller**" des Zielunternehmens können bereits das Zustandekommen von Vertragsverhandlungen verhindern. Als abschließender Risikofaktor lassen sich erhebliche nachteilige Änderungen – „**Material Adverse Changes**" (MAC) – identifizieren. Im Gegensatz zu dem Fall mit den Leichen im Keller tritt der Käufer in dieser Situation die letzte Etappe der Transaktion an. Begegnet er dann einer drastischen Veränderung im Kerngeschäft des Zielunternehmens, welche eine erhebliche nachteilige Änderung für den Käufer darstellt, so wird ihm damit das Recht eingeräumt, aus der Transaktion auszutreten.[288]

3.4.2 Verbindliches Angebot

Nach einer erfolgreichen Verhandlungsphase unterbreitet der Kaufinteressent dem Verkäufer ein verbindliches Angebot („**Binding Offer**"), das nicht ohne weiteres zurückgezogen werden kann.

Das verbindliche Angebot enthält folgende Bestandteile:

- endgültiger Kaufpreis
- geforderte Garantien des Verkäufers
- Wettbewerbsklausel des Schlüsselpersonals
- notwendige Genehmigungen (z.B. des Kartellamts, der Aktionäre)
- Zeitrahmen für die Unterzeichnung des Kaufvertrages

Zusammen mit der Binding Offer reicht der Kaufinteressent den nach seinen Vorstellungen abgeänderten Kaufvertragsentwurf ein.

---

[288] Vgl. Ernst; Häcker (2011), S. 58

Der ursprüngliche Kaufvertragsentwurf wurde dem potenziellen Erwerber bereits in der Due Diligence-Phase zur Durchsicht und Überarbeitung zugesandt. Zur Evaluation des verbindlichen Angebots sollte nicht nur der genannte Kaufpreis herangezogen werden, sondern zudem auf häufig verwendete vertragliche Klauseln im Kaufvertragsentwurf, die den impliziten Wert des Angebots reduzieren, geachtet werden. Nachfolgend sind einige dieser Klauseln aufgeführt:[289]

- Der Käufer hat das Recht, die Transaktion bei Eintritt bestimmter unvorhergesehener Ereignisse abzubrechen (MAC-Klausel).
- Die Kaufpreiszahlung soll über mehrere Jahre verteilt werden und an die zukünftige Profitabilität des erworbenen Unternehmens gekoppelt werden (Earn-Out-Klausel).
- Exzessive Übertragung von Risiken auf den Verkäufer durch umfangreiche Garantien, welche der Käufer vom Verkäufer einfordert.

3.4.3 Kaufvertrag

Der Kaufvertrag („**Purchase Agreement**") beinhaltet alle zum Abschluss der Transaktion notwendigen Details. Er ist, im Gegensatz zum Letter of Intent, ein **rechtsverbindlicher Vertrag**, der bestimmten Bedingungen (z.B. Genehmigung seitens der Aktionäre) unterliegt.

Die Unterzeichnung des Kaufvertrags durch den Käufer und Verkäufer wird als „**Signing**" bezeichnet.

Bestimmte transaktionsrelevante Inhalte, wie z.B. mögliche Synergieeffekte, Finanzierungsvereinbarungen, Integrationspläne etc., bleiben im Kaufvertrag unberücksichtigt. Der Grund für diesen limi-

[289] Vgl. Rochat; Korp (2010), S. 283 ff.

tierten Fokus ist auf die Funktion des Purchase Agreements zurückzuführen. Der Kaufvertrag ist ein **Instrument des Risikomanagements**, das sich im Rahmen einer M&A-Transaktion hauptsächlich auf das Ziel des Transaktionsabschlusses konzentriert.

Die wesentlichen Positionen eines Kaufvertrages sind:[290]

[1] Vertragsparteien
[2] Präambel
[3] Vertragsbedingungen
[4] Beschreibung der Transaktion
[5] Kaufpreis und Zahlung
[6] Gewährleistungen und Garantien
[7] rechtsverbindliche Versprechen
[8] Abschlussbedingungen
[9] Kündigungsbedingungen
[10] Schadensersatzleistungen
[11] Wettbewerbsverbot
[12] Schiedsgerichtvereinbarungen

Die Art des Unternehmenserwerbs diktiert dabei den genauen Umfang und Aufbau des Purchase Agreements. Bei einem **Asset Deal** müssen die einzelnen Vermögenswerte, die im Rahmen der M&A-Transaktion vom Verkäufer auf den Käufer übertragen werden sollen, eindeutig benannt und im Anhang detailliert aufgelistet werden. Bei einem **Share Deal** ist dies nicht notwendig, da ein Teil der bzw. alle Gesellschaftsanteile des Zielunternehmens übertragen werden. Somit ist das Vertragswerk bei einem Asset Deal i.d.R. deutlich umfangreicher.[291]

---

290 Vgl. Ernst; Häcker (2011), S. 61 f.

291 Vgl. Behringer (2013), S. 168

3.4.4 Closing

Der Transaktionsabschluss („**Closing**“) repräsentiert die Ziellinie einer M&A-Transaktion und ist damit der letzte Prozessschritt aus Verkäufersicht bzw. aus Sicht dessen M&A-Beraters. Präziser formuliert, fällt das Closing auf den Stichtag, an dem die eigentliche Leistungsbefugnis und die unternehmerische Verantwortung vom Verkäufer auf den Käufer übertragen werden.[292]

Das Closing erfolgt i.d.R. erst nach der Erfüllung von mehreren Bedingungen, wie z.B. der **Zustimmung der Kartellämter** und der **Genehmigung der Aktionäre**. Obwohl wesentliche Probleme bis kurz vor dem Transaktionsabschluss geklärt sein sollten, begegnen die Parteien an dieser Stelle hin und wieder transaktionsgefährdenden Stolpersteinen. Diese entstehen meist dadurch, dass die Parteien ehemals vernachlässigte Verhandlungspunkte plötzlich höher bewerten oder sich eine Partei unnachgiebig in einer Sache verhält. Gerade durch die Kompromisslosigkeit soll Druck auf die Gegenseite aufgebaut und gegen Ende der Transaktion noch ein Verhandlungsvorteil erreicht werden. Solch eine Strategie kann die gesamte Transaktion gefährden. Die daraus resultierende Konfrontation zwischen den beiden Parteien und der erlittene Vertrauensverlust können, selbst in einer so späten Phase im M&A-Prozess, zum Transaktionsabbruch führen. Um solch eine Gefahr zu vermeiden, sollten beide Parteien das Closing lange im Voraus gründlich planen.[293]

Nach der Pflicht folgt die Kür. Sobald der Transaktionsabschluss besiegelt ist, kümmert sich einer der M&A-Berater um das „**Closing Dinner**“ und den „**Tombstone**“[294]. Beim Closing Dinner feiern alle am Prozess beteiligten Parteien in einer angemessen Lokalität

[292] Vgl. Wirtz (2012), S. 283

[293] Vgl. Ernst; Häcker (2011), S. 62

[294] Ein M&A-Tombstone enthält übergeordnete Informationen über die jeweilige Transaktion. Aufgeführt werden der Name des Verkäufers, des Käufers und des M&A-Beraters sowie die Art der Transaktion. Eine Online-Referenz dient einem M&A-Berater als Referenz auf seiner Webseite, wohingegen ein Plexiglas-Tombstone als persönliches Erinnerungsstück fungiert.

das erfolgreiche Ende der M&A-Transaktion. Zusätzlich bekommen alle Projektbeteiligten jeweils einen Tombstone, einen aus Plexiglas bestehenden individuellen Erinnerungspokal (siehe Abbildung 3-10), überreicht.[295]

Online-Referenz:

Plexiglas-Tombstone:

Abbildung 3-10: Tombstones [296]

3.4.5 Unterschiede in der Abschlussphase einer Verkaufstransaktion für mittelständische Unternehmen und Großunternehmen

In der letzten Etappe eines Unternehmensverkaufs müssen sowohl mittelständische Unternehmen als auch Großunternehmen die soeben beschriebenen Prozessschritte durchlaufen. Blickt man auf die Details der einzelnen Teilschritte, so stellen sich einige Unterschiede heraus.

---

[295] Vgl. Trunk (2010), S. 40

[296] Quellen: www.tombstonery.de und www.acrylic-hecker.com

Bei den **Vertragsverhandlungen** besteht die Führungsebene eines großen Zielunternehmens meist aus Managern, die in der Verhandlungsführung fundiert ausgebildet sind. Oftmals kennen sie daher wichtige Verhandlungstaktiken und können sich gut auf ihren Gegenüber einstellen. Der Führungsebene eines mittelständischen Unternehmens sollen diese Attribute keinesfalls aberkannt werden, jedoch schwingt bei ihnen im Rahmen der Verhandlungsführung ein weiterer wesentlicher Faktor mit. Im Mittelstand besteht die Führungsebene häufig aus geschäftsführenden Gesellschaftern bzw. den Unternehmensgründern oder deren Verwandten. Diese haben, anders als Manager, einen engen persönlichen Bezug zu ihrem Unternehmen und sehen in einem Unternehmensverkauf mehr als nur ein reines M&A-Projekt. Häufig wird vielmehr das Lebenswerk einer Einzelperson bzw. einer Unternehmerfamilie veräußert. Dieser spezielle Faktor muss natürlich im Rahmen der Vertragsverhandlungen vom Käufer und dessen Beratern stets im Auge behalten werden. So kann z.B. eine negative Äußerung über das Zielunternehmen seitens eines potenziellen Käufers schnell vom Unternehmer als persönliche Beleidigung interpretiert werden und die Verhandlungsstimmung blitzartig kippen. Es ist also besonders bei einer starken emotionalen Bindung des Verkäufers wichtig, dass der Kaufinteressent bei den Vertragsverhandlungen ein gewisses Maß an Verhandlungsgeschick mitbringt. Weiterhin ist besonders bei mittelständischen Familienunternehmen, neben einer Verkaufspreismaximierung und Minimierung der Garantien und Gewährleistungen, die Arbeitsplatzsicherung und nachhaltige Unternehmensfortführung ein wichtiger Verhandlungspunkt.[297] Bei den Verhandlungsgesprächen im Mittelstandssegment müssen demnach neben rein quantitativen auch besonders qualitative Aspekte berücksichtigt werden.

Ein weiterer Unterschied, vor allem zwischen kleinen Mittelständlern und Großunternehmen, lässt sich am **Zeitpunkt des Signing und Closing** festmachen. Bei kleineren Unternehmenstransaktionen fallen Signing und Closing regelmäßig zusammen.[298] Demgegenüber erhöht sich, mit zunehmender Transaktionsgröße, oftmals

---

[297] Vgl. Wirtz (2012), S. 285

[298] Vgl. Preisser; Cavaillès (2011), S. 23

die zeitliche Lücke zwischen Kaufvertragsunterzeichnung und erfolgreichem Transaktionsabschluss. Der Grund hierfür liegt beispielweise in der unter bestimmten Bedingungen[299] vorgeschriebenen Involvierung der Kartellbehörden in den M&A-Prozess. Im Rahmen einer kartellrechtlichen Prüfung entscheiden diese über die rechtliche Zulässigkeit des geplanten Unternehmenserwerbs durch einen bestimmten Käufer. Prüfungsgegenstand dieser komplexen Untersuchung ist, ob durch die Unternehmenstransaktion eine marktbeherrschende Stellung auf- oder ausgebaut wird und daraus eine Wettbewerbsbeschränkung bzw. -verzerrung resultiert.[300] Bis der Zulassungsbescheid einer Kartellbehörde vorliegt, kann demnach einige Zeit verstreichen.

3.4.6 Checklisten: Vertragsverhandlungen, Signing und Closing

Checkliste: Vertragsverhandlungen

- ☑ Die Dauer der Vertragsverhandlungen korreliert stark mit der Komplexität einer Unternehmenstransaktion.
- ☑ Wichtige Verhandlungspunkte sind der zu entrichtende Kaufpreis und die vom Verkäufer abzugebenden Garantien.
- ☑ Es ist wichtig, im Vorfeld der Vertragsverhandlungen ein Verständnis für die Ziele und Wünsche des Verhandlungspartners entwickelt zu haben.
- ☑ Sowohl der Verkäufer als auch der Käufer sollten mehr gewonnen haben als sie aufgeben mussten (Win-Win-Situation).
- ☑ Häufig erweist sich eine offene und ehrliche Verhandlungsstrategie als zielführend.

---

[299] Die genauen Prüfungsgegenstände und -bedingungen können, je nach Zuständigkeit, auf den Webseiten der EU-Kommission oder des Bundeskartellamtes eingesehen werden.

[300] Vgl. Wirtz (2012), S. 26 f.

Checkliste: Signing und Closing

- ☑ Als Signing wird die Unterzeichnung des Kaufvertrages durch den Käufer und Verkäufer bezeichnet.
- ☑ Wesentliche Elemente des Kaufvertrages sind:
  - ☑ Vertragsparteien
  - ☑ Präambel
  - ☑ Vertragsbedingungen
  - ☑ Beschreibung der Transaktion
  - ☑ Kaufpreis und Zahlung
  - ☑ Gewährleistungen und Garantien
  - ☑ Rechtsverbindliche Versprechen
  - ☑ Abschlussbedingungen
  - ☑ Kündigung
  - ☑ Schadenersatzleistungen
  - ☑ Wettbewerbsverbot
  - ☑ Schiedsgerichtvereinbarungen
- ☑ Mit dem Closing geht der Übergang der eigentlichen Leistungsbefugnis und der unternehmerischen Verantwortung vom Verkäufer auf den Käufer einher.

Anhänge

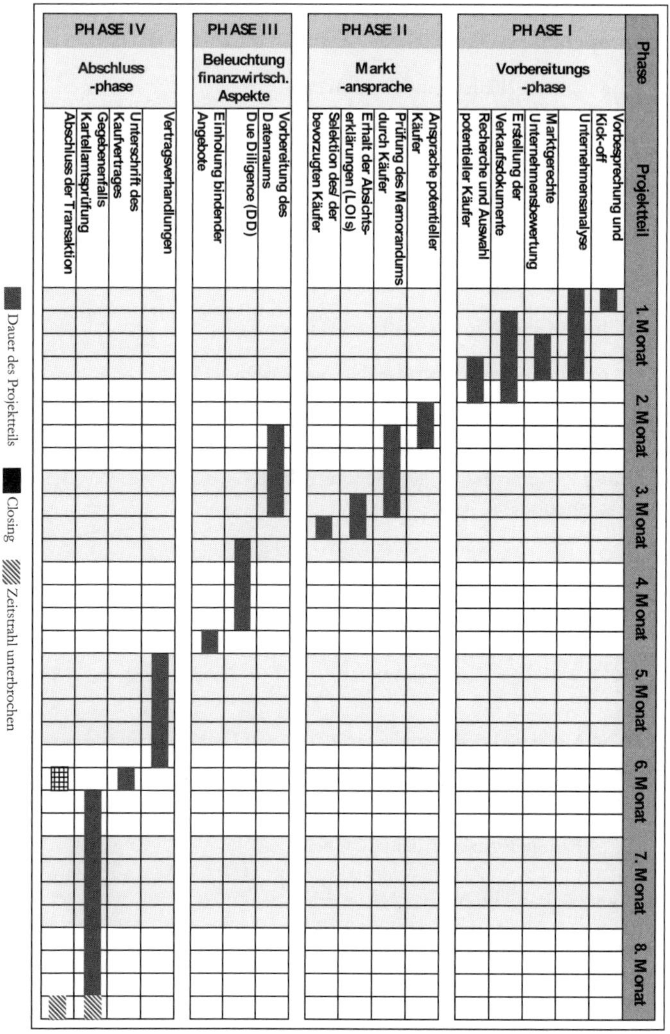

Anhang 1: Idealtypischer Zeitplan einer M&A-Verkaufstransaktion

	operatives Ergebnis vor Zinsen und Steuern (EBIT)
–	adaptierte Steuern auf das EBIT
=	**operatives Ergebnis vor Zinsen und nach adaptierten Steuern**
+	Abschreibungen
+	Erhöhung (– Verminderung) der Rückstellungen
=	**Brutto Cash Flow**
–	Investitionen in das Anlagevermögen
–	Erhöhung (+ Verminderung) des Working Capital
=	**operativer Free Cash Flow (oFCF)**

Anhang 2: Berechnung der operativen Free Cash Flows in der Detailplanungsperiode [301]

$$\mathbf{WACC = r_{ek} * \frac{EK}{GK} + r_{fk} * (1 - t) * \frac{FK}{GK}}$$

EK = Marktwert des Eigenkapitals	r_{fk} = Renditeforderung der FK-Geber
FK = Marktwert des Fremdkapitals	t = Unternehmenssteuersatz
GK = Marktwert des Gesamtkapitals	(1 – t) = Tax Shield
r_{ek} = Renditeforderung der EK-Geber	

Anhang 3: Berechnung des Mischzinssatzes (WACC) [302]

301 Quelle: Eigene Darstellung in Anlehnung an: Ernst; Schneider; Thielen (2012), S. 32

302 Quelle: Eigene Darstellung in Anlehnung an: Ernst; Schneider; Thielen (2012), S. 45

	langfristige Bankverbindlichkeiten
+	kurzfristige Bankverbindlichkeiten
+	Verbindlichkeiten gegenüber Gesellschaftern
+	Verbindlichkeiten gegenüber verbundenen Unternehmen
+	sonstige zinstragende Verbindlichkeiten
–	kurzfristige flüssige Mittel (inkl. Kasse, Sichtguthaben, kurzfristige Finanzanlagen)
=	**Nettofinanzverbindlichkeiten (Net Debt)**

Anhang 4: Berechnung der Nettofinanzverbindlichkeiten (Net Debt) [303]

	operatives Ergebnis vor Zinsen und Steuern (EBIT)
–	Fremdkapitalzinsen
=	**operatives Ergebnis vor Steuern (EBT)**
–	Unternehmenssteuern auf das operative Ergebnis vor Steuern
=	**operatives Ergebnis nach Steuern (EAT)**
+	Abschreibungen
+	Erhöhung (– Verminderung) der Rückstellungen
–	Investitionen in das Anlagevermögen
–	Erhöhung (+ Verminderung) des Working Capital
–	Tilgung (+ Aufnahme) von verzinslichem Fremdkapital
=	**Cash Flow to Equity (CFtE)**

Anhang 5: Berechnung der Flows to Equity in der Detailplanungsperiode[304]

---

303 Quelle: Eigene Darstellung in Anlehnung an: Ernst; Schneider; Thielen (2012), S. 25

304 Quelle: Eigene Darstellung in Anlehnung an: Ernst; Schneider; Thielen (2012), S. 36

Glossar

Absichtserklärung

vgl. Indikatives Angebot

Abwerbeverbot

Der interessierte Käufer hat nach der Kündigung der Vertraulichkeitsvereinbarung und dem damit verbundenen Transaktionsabbruch die Einstellung von Mitarbeitern des Zielunternehmens in der Regel für einen Zeitraum von ein bis zwei Jahren zu unterlassen.

Acquisition

Eine Akquisition (Acquisition) stellt den Erwerb eines bis dahin eigenständigen Unternehmens bzw. eines Unternehmensteils und dessen nachfolgende Eingliederung in die Strukturen des Akquisiteurs dar.

Adjusted-Present-Value-Ansatz

Beim APV-Ansatz wird wie beim WACC-Ansatz zunächst der Gesamtwert des Unternehmens bestimmt. Im Gegensatz zum WAAC-Ansatz wird jedoch von einem fiktiv unverschuldeten Unternehmen ausgegangen und das Tax Shield isoliert betrachtet.

Akquisiteur

Unter einem Akquisiteur versteht man in diesem Zusammenhang einen Unternehmenskäufer.

Akquisition

vgl. Acquisition

Akquisitionsfinanzierung

Der Begriff Akquisitionsfinanzierung steht für die Finanzierung der Akquisition eines Unternehmens, Unternehmensteils oder einer Unternehmensgruppe. Akquisitionsfinanzierungen sind i.d.R. eine Cash-Flow-gerichtete Finanzierungsform.

Aktienkurs

Der Aktienkurs ist der Preis, zu dem eine Aktie an der Börse gehandelt wird.

Aktienrückkäufe

Das Aktiengesetz erlaubt seit Inkrafttreten des Gesetzes zur Kontrolle und Transparenz im Unternehmensbereich (KonTraG) unter gewissen Auflagen den Rückkauf der eigenen emittierten Aktien.

Anonymes Kurzprofil

Ein anonymes Kurzprofil ist ein meist zweiseitiges Dokument, das in anonymer Form wesentliche Informationen zum geplanten Unternehmensverkauf und dem Zielunternehmen enthält.

Asset Backed Securities

Bei „Asset Backed Securities" (ABS) handelt es sich um Wertpapiere oder Schuldscheine, die Zahlungsansprüche gegen eine für die ABS-Transaktion speziell gegründete Einzweckgesellschaft (SPV) gewährleisten.

Asset Deal

Ein Asset Deal ist eine M&A-Transaktion, in welcher der Verkäufer einzelne oder sämtliche betriebsrelevanten Vermögensgegenstände (Assets) an den Erwerber überträgt.

Asset Restructuring

Das Zielunternehmen erwirbt Vermögensgegenstände, die der feindliche Erwerber mit höchster Wahrscheinlichkeit nicht möchte oder die im Rahmen der Übernahme kartellrechtliche Probleme verursachen können.

Asset Stripping

Unter „Asset Stripping" ist der Verkauf von nicht betriebsnotwendigem Vermögen, z.B. einer ungenutzten Immobilie oder stillgelegten Maschine, zu verstehen.

Auktion

Eine Auktion ist ein sorgfältig überwachtes Bieterverfahren, das dem Veräußerer eine hohes Maß an Kontrolle über die Modalitäten der Transaktion zukommen lässt.

Auktionsverfahren
vgl. Auktion

Außenfinanzierung
Bei der Außenfinanzierung werden die benötigten Finanzmittel entweder aus unternehmensexternen Kapitalquellen, z.B. in Form von Eigenkapitaleinlagen oder Beteiligungen, oder aus Krediten und Darlehen zur Verfügung gestellt.

Bank Case
vgl. Financing Case

Beauty Contest
Bewerbungs-Wettbewerb von Kanzleien, Investmentbanken oder Transaktionshäusern für ein größeres Mandat.

Betriebsmittelkredit
Der Betriebsmittelkredit soll gewährleisten, dass dem Zielunternehmen zur Finanzierung des Umlaufvermögens (Working Capital) ausreichend Liquidität zur Verfügung steht. Es handelt sich hierbei um eine wiederkehrende Kreditlinie („revolving credit facility“).

Bewertungspaket
In der Praxis werden stets mehrere Bewertungsverfahren angewendet sowie die jeweiligen Ergebnisse dann miteinander verglichen und interpretiert.

Bieterverfahren
vgl. Auktion

Big Four
Die vier umsatzstärksten Wirtschaftsprüfungsgesellschaften weltweit sind Ernst & Young, Deloitte & Touche, KPMG und PricewaterhouseCoopers. Sie werden als Big Four bezeichnet.

Binding Offer
vgl. Verbindliches Angebot

Börse
Der Begriff Börse wird sowohl für das Börsengebäude als auch die Börse als organisierten Markt für den Handel mit vertretbaren

Vermögenswerten, die im Verkehr üblicherweise nach Zahl, Maß oder Gewicht bestimmt sind, verwendet.

Börsengelistetes Unternehmen

Ein börsennotiertes Unternehmen ist ein Unternehmen, dessen Aktien an einer Börse gelistet sind und gehandelt werden.

Börsenkurs

vgl. Aktienkurs

Börsenmultiplikatoren

vgl. Börsenmultiplikatoren-Verfahren

Börsenmultiplikatoren-Verfahren

Wie viel wäre das zu bewertende Unternehmen heute an der Börse wert, wenn man es mit ähnlichen börsennotierten Unternehmen vergleicht?

Börsennotiertes Unternehmen

vgl. Börsengelistetes Unternehmen

Bruttoansatz

vgl. Entity-Ansatz

Businessplan

Der Businessplan stellt einen Fahrplan für die Existenzgründung und die zukünftige Tätigkeit dar.

Buy-and-Build-Strategie

Eine Buy-and-Build-Strategie verfolgt das Ziel des Unternehmensaufkaufs zum Aufbau einer größeren bzw. diversifizierteren Unternehmensgruppe.

Buy-Out

Ein Buy-Out bezeichnet den Aufkauf bzw. „Aus-Kauf" eines Unternehmens.

Buy-Side

vgl. Unternehmenskauf

Capital Expenditure

„Capital Expenditure" (Capex) sind Investitionsausgaben für längerfristige Anlagegüter, wie z.B. Maschinen, Gebäude, aber auch die Erstausrüstung, Ersatzteile, Rechnersysteme etc.

Cash Flow

Der Cash Flow beschreibt, welcher Betrag an liquiden Mitteln einem Unternehmen innerhalb eines Abrechnungszeitraums per Saldo zufließt.

Cash Flow to Equity

Der Flow to Equity ist der Teil des Cash Flows eines Unternehmens, der an die Eigenkapitalgeber des Unternehmens fließt.

Clean Down

Um zu gewährleisten, dass die Betriebsmittellinie auch tatsächlich zur Finanzierung des Umlaufvermögens und nicht z.B. für langfristige Investitionen in das Anlagevermögen verwendet wird, wird generell einmal pro Jahr eine vollständige Rückführung des Betriebsmittelkredits („Clean Down") vertraglich vereinbart.

Closing

Das Closing einer Unternehmenstransaktion fällt auf den Stichtag, an dem die eigentliche Leistungsbefugnis und die unternehmerische Verantwortung vom Verkäufer auf den Käufer übertragen werden.

Closing Dinner

Beim Closing Dinner feiern alle am Prozess beteiligten Parteien in einer angemessen Lokalität das erfolgreiche Ende der M&A-Transaktion.

Comparable Companies Analysis

vgl. Börsenmultiplikatoren-Verfahren

Comparable Transactions Analysis

vgl. Transaktionsmultiplikatoren-Verfahren

Confidential Business Report

vgl. Informationsmemorandum

Confidentiality Agreement

vgl. Vertraulichkeitserklärung

Corporate Buy-Out

Unter einem „Corporate Buy-Out" – Akquisition eines Unternehmens durch ein Unternehmen – wird die Übernahme eines Zielunternehmens durch einen strategischen Investor und nicht einen Finanzinvestor verstanden.

Covenants

Covenants sind Klauseln in Kreditverträgen, die dem Kreditgeber beim Eintreten bestimmter definierter Ereignisse das Recht zur Durchführung bestimmter Aktionen einräumen.

Crown Jewels

Das Zielunternehmen verkauft besonders attraktive und lukrative Unternehmensbereiche (Juwelen) an ein befreundetes Unternehmen oder führt einen Spin-off durch. Dadurch können Synergiepotenziale aus Sicht des feindlichen Erwerbers eliminiert und die feindliche Übernahme unattraktiv werden.

Datenraum

Ein Datenraum ist ein physischer oder elektronischer Datenpool, der eine Vielzahl wesentlicher Informationen über das Zielunternehmen enthält, die der Verkäufer den potenziellen Käufern zur Analyse bereitstellt.

DCF-Verfahren

In der Praxis werden die Discounted-Cash-Flow-Verfahren als die relevantesten Bewertungsverfahren angesehen. Die DCF-Methode interpretiert den Unternehmenswert als die Summe der auf die Gegenwart abgezinsten zukünftig zu erwartenden Cash Flows des Unternehmens.

Deal

vgl. Mergers & Acquisitions

Deal Breaker

Deal Breaker sind Faktoren, deren Kenntnis einen potenziellen Käufer zum Abbruch der Transaktion bewegen.

Deal Maker

Deal Maker sind Faktoren, deren Kenntnis einen potenziellen Käufer zur Fortführung der Transaktion bewegen.

Debt Mezzanine

Wird ein Mezzanine-Kapitalinstrument fremdkapitalnah strukturiert, so spricht man von „Debt Mezzanine" (bzw. „Senior Mezzanine").

Dienstleistungsansatz

Der Dienstleistungsansatz beschreibt den M&A-Prozess aus Sicht des involvierten M&A-Beraters.

Dilution

Verwässerung des Eigenkapitals z.B. durch die Ausübung eines Options- bzw. Wandlungsrechts.

Direkte Akquisition

Bei der direkten Akquisition findet ein unmittelbarer Erwerb der Anteile an der Zielgesellschaft durch das Käuferunternehmen selbst statt.

Discounted-Cash-Flow-Verfahren

vgl. DCF-Verfahren

Due Diligence

Die systematische Analyse des Zielunternehmens durch einen potenziellen Käufer im Vorfeld einer Kaufvertragsunterzeichnung wird als Due Diligence bzw. Sorgfaltsprüfung bezeichnet.

Dynamischer Verschuldungsgrad

Der dynamische Verschuldungsgrad gibt an, wie lange es dauert, bis die Verschuldung durch den erwirtschafteten Cashflow zurückgeführt werden kann. (Dynamischer Verschuldungsgrad = Net Debt / EBITDA)

Earn-Out-Finanzierung

Bei einer „Earn-Out-Finanzierung" setzt sich der vom Käufer an den Verkäufer zu bezahlende Kaufpreis aus einer fixen Kaufpreiskomponente und einer ergebnisabhängigen (variablen) Kaufpreiskomponente („Earn-Out") zusammen.

Economies of Scale

Unter Economies of Scale (Skaleneffekten) versteht man eine Fixkostendegression durch eine Erhöhung der Ausbringungsmenge.

Economies of Scope

Unter Economies of Scope (Verbundeffekten) versteht man z.B. die Ausnutzung von Kostenvorteilen bei heterogenen Produktprogrammen.

Eigenkapital

Im Gegensatz zum Fremdkapital zählen zum Eigenkapital jene Mittel, die von den Eigentümern einer Unternehmung zu deren Finanzierung aufgebracht oder als erwirtschafteter Gewinn im Unternehmen belassen wurden.

Einzweckgesellschaft

Im Rahmen von M&A besteht der alleinige Zweck einer Einzweckgesellschaft in dem Erwerb der Assets bzw. Unternehmensanteile des Zielunternehmens. Damit betreibt die Einzweckgesellschaft selbst kein operatives Geschäft. Als Rechtsform für das SPV wird häufig die GmbH oder GmbH & Co. KG gewählt, um dadurch die persönliche Haftung des Käufers auf die Eigenkapitaleinlage in die Einzweckgesellschaft zu beschränken. Weitere Namen für eine Einzweckgesellschaft sind NewCo (New Company), SPV (Special Purpose Vehicle oder SPC (Special Purpose Company).

Elektronischer Datenraum

Als Marktstandard konnten sich inzwischen über das Internet zugängliche elektronische Datenräume im Rahmen einer M&A-Due Diligence etablieren.

Enterprise Value

Der Enterprise Value (EV) entspricht der Summe der auf den Bewertungszeitpunkt abgezinsten zukünftig zu erwarteten Cash Flows des Unternehmens.

Enterprise Value-Multiplikator

Anhand der Enterprise Value-Multiplikatoren wird der Gesamtwert (EV) des Zielunternehmens, also der Marktwert des Eigen- und Fremdkapitals, berechnet.

Equity Kicker

Wird ein „Equity Kicker" vereinbart, so erhält der Mezzanine-Kapitalgeber mit der Bereitstellung des Mezzanine-Kapitals zeitgleich den Anspruch, zum Gesellschafter des zu finanzierenden Unternehmen zu werden. Dieser Anspruch wird rechtlich in Form einer Option oder eines Wandlungsrechts konstruiert.

Equity Mezzanine

Wird ein Mezzanine-Kapitalinstrument eigenkapitalnah strukturiert, so spricht man von „Equity Mezzanine" (bzw. „Junior Mezzanine").

Equity Value

Unter dem Equity Value (EqV) ist der Marktwert des Eigenkapitals eines Unternehmens zu verstehen.

Equity-Value-Multiplikator

Anhand der Equity-Value-Multiplikatoren wird der Marktwert des Eigenkapitals (EqV) des Zielunternehmens ermittelt.

Equity-Ansatz

Es werden die zukünftigen Zahlungsüberschüsse ermittelt und mit den Eigenkapitalkosten abgezinst, die ausschließlich den Eigenkapitalgebern zustehen. Als Ergebnis erhält man direkt den Marktwert des Eigenkapitals des Unternehmens.

Excess Cash Flow

Der nach Tilgung der Senior-Kredit-Tranchen verbleibende Cash Flow („Excess Cash Flow") fließt der Kasse zu und kann z.B. zur Finanzierung des Umlaufvermögens oder für Investitionen in das Anlagevermögen verwendet werden.

Executive Summary

Ein Executive Summary ist eine Zusammenfassung. Ihr Zweck ist es, die wichtigsten Punkte eines Dokuments für die jeweiligen Entscheidungsträger zusammenzufassen.

Exklusivitätsvereinbarung

Exklusivitätsvereinbarungen räumen einer Partei unter verschiedenen Bedingungen eine bestimmte Exklusivität ein.

Exklusivverfahren

Das Exklusivverfahren ist ein „One-on-One"-Verkaufsverfahren, bei dem der Verkäufer bereits im Vorfeld der Transaktion den „optimalen" Erwerber identifizieren konnte.

Factoring

Beim „Factoring" handelt es sich um den Verkauf von Forderungen aus Lieferungen und Leistungen des eigenen Unternehmens gegenüber Drittschuldnern an eine sogenannte Factoring-Gesellschaft.

Financial Covenants

Bestimmte Finanzkennzahlen („Financial Covenants") werden als Kontrollinstrument für die Entwicklung des Kreditrisikos während der Kreditlaufzeit herangezogen. Sie werden im Kreditvertrag festgehalten und definiert.

Financial Due Diligence

Ermittlung eines genauen und objektiven Bildes über die aktuelle und zukünftige Vermögens-, Finanz- und Ertragslage des Zielunternehmens. Gesucht werden Deal Breaker.

Financing Case

Zur Festlegung der Schuldendienstfähigkeit stellen die akquisitionsfinanzierenden Banken Finanzmodelle auf („Bank Case" oder „Financing Case"), welche bei einer direkten (oder indirekten) Akquisition zur Ermittlung der verfügbaren kumulierten Free Cash Flows des Zielunternehmens und des Käuferunternehmens (oder nur des Zielunternehmens) zur Schuldentilgung dienen.

Finanzierungslücke

Eine Finanzierungslücke entsteht, wenn das eingebrachte Eigenkapital und das verfügbare Fremdkapital nicht ausreichen, um das Transaktionsvolumen zu finanzieren. In diesem Fall kann z.B.

Mezzanine-Kapital zur Schließung der Finanzierungslücke hinzugezogen werden.

Finanzinvestor

Unter Finanzinvestoren versteht man beispielsweise Private-Equity-Häuser (z.B. Advent International oder EQT Partners) oder Hedgefonds (z.B. J.P. Morgan Asset Management oder Bridgewater Associates).

Firmenfusionen und -übernahmen

vgl. Mergers & Acquisitions

Free Cash Flow

Der Free Cash Flow ist der Teil des Cash Flows, der dem Unternehmen zur Verfügung steht, nachdem man die notwendigen Investitionen (Capital Expenditure) und Veränderungen des Betriebskapitals (Working Capital) abzieht. Dieser Teil ist maßgeblich für die Unternehmenswertberechnung (Enterprise Value) mittels des Discounted-Cash-Flow-Verfahrens.

Freefloat

Der Freefloat bzw. Streubesitz ist der Anteil der Aktien einer AG, der für den Handel an der Börse zugänglich ist, weil er sich nicht als größeres Paket in festen Händen befindet.

Fremdkapital

Fremdkapital ist die Bezeichnung für die in der Bilanz ausgewiesenen Schulden der Unternehmung (Verbindlichkeiten und Rückstellungen), die rechtlich entstanden oder wirtschaftlich verursacht sind. Das Fremdkapital ist der Teil des Kapitals, der nicht den Eigentümern zusteht, sondern anderen Kapitalgebern (Gläubigern) zuzurechnen ist.

Friendly Takeover

Man spricht von einem Friendly Takeover, wenn das Management der Zielgesellschaft den Eigentümerwechsel genehmigt.

Fungibilität

Unter Fungibilität versteht man die Austauschbarkeit oder Vertretbarkeit von Gütern, Devisen, Effekten und standardisierten Terminkontrakten. Allgemein also die Austauschbarkeit eines Rechts oder einer Sache.

Fusion

vgl. Merger

Gap-Analysis

Eine Gap-Analysis (Lücken-Analyse) dient zur Identifikation operativer und strategischer Lücken eines bestimmten Unternehmens.

Geschäftsansatz

Im Rahmen des Geschäftsansatzes wird der M&A-Prozess aus Sicht der handelnden Unternehmen beschrieben. Diese Sichtweise ist hauptsächlich im anglo-amerikanischen Bereich vertreten.

Gesellschafterdarlehen

Im Gegensatz zu einem regulären Bankdarlehen wird das Kapital bei einem Gesellschafterdarlehen nicht von neuen Kapitalgebern von außen sondern aus dem Gesellschafterkreis bereitgestellt.

Gewinnthesaurierung

Unter Gewinnthesaurierung ist das Einbehalten von Gewinnen zu verstehen, die in einem Unternehmen innerhalb einer bestimmten Periode erwirtschaftet und nicht an die Gesellschafter ausgeschüttet wurden. Diese einbehaltenen Gewinne können z.B. später für die Akquisition eines Zielunternehmens eingesetzt werden.

Globalisierung

Globalisierung ist eine politisch-ökonomische Bezeichnung für den fortschreitenden Prozess weltweiter Arbeitsteilung.

Golden Parachutes

Für den Fall einer feindlichen Übernahme können überdimensionierte Sonderzahlungen an die Unternehmensleitung des Zielunternehmens vereinbart werden. Infolgedessen kann es für den potenziellen Erwerber zu kostenintensiv werden, die Kontrolle durch den Austausch des bestehenden Managements zu erlangen.

Goodwill

Als Goodwill wird der Teil des Kaufpreises für ein Unternehmen verstanden, der den Wert der materiellen und immateriellen Vermögensgegenstände dieses Unternehmens nach Abzug der Schulden überschreitet.

Großunternehmen

Das angepasste Segment der Großunternehmen umschließt alle Unternehmen, die eine Mitarbeiterzahl von über 2000 Beschäftigen und einen Jahresumsatz von über 500 Mio. Euro aufzeigen.

Hedgefonds

Investmentfonds mit einer bestimmten Vielfalt von Anlagegegenständen und -strategien. Die Hedgefonds streben dabei nach absolutem Return, d.h. orientieren sich nicht an einer Benchmark. Sie gelten als Fondstyp, der mit hochspekulativen Anlagetechniken arbeitet.

Hidden Champions

Als Hidden Champions werden besonders erfolgreiche mittelständische Unternehmen bezeichnet, die in der Öffentlichkeit jedoch weitgehend unbekannt sind.

High Yield Bonds

Sobald Unternehmensanleihen (hinsichtlich der Haftung und Rendite) nachrangig strukturiert und dadurch mit einer risikoadäquaten höheren Verzinsung ausgestattet werden, spricht man von Hochzinsanleihen („High Yield Bonds“).

Horizontale Integration

Ein Unternehmenszusammenschluss zweier Unternehmen der gleichen Wertschöpfungsstufe wird als horizontale Integration bezeichnet.

Hostile Takeover

Bei feindlichen Übernahmen handelt es sich um Übernahmeversuche, die gegen den Willen der Unternehmensleitung der Zielgesellschaft vorgenommen werden.

Hybride Finanzierungsinstrumente

Mezzanine-Kapital zählt zu den hybriden Finanzierungsinstrumenten und kann zwischen Eigen- und Fremdkapital eingeordnet werden.

Indikative Bewertung

Eine indikative Unternehmensbewertung ist eine erste Bewertung des Zielunternehmens, die aufgrund unvollständiger Informationen noch nicht die Genauigkeit einer vollständigen Unternehmensbewertung liefert.

Indikatives Angebot

vgl. Letter of Intent

Indirekte Akquisition

Bei der indirekten Akquisition wird eine Einzweckgesellschaft vom Käufer gegründet, die als Erwerber der Anteile an bzw. der Assets der Zielgesellschaft in Erscheinung tritt.

Information Memorandum

vgl. Informationsmemorandum

Informationsasymmetrien

Informationsasymmetrien resultieren aus dem unterschiedlichen Kenntnisstand des Verkäufers und der Kaufinteressenten über das Zielunternehmen.

Informationsmemorandum

Das Informationsmemorandum stellt das zentrale Verkaufsdokument im M&A-Prozess dar. Das Memorandum ist ein umfangreicher Bericht, welcher wesentliche Informationen über die Zielgesellschaft enthält. Anhand dieser Angaben kann sich ein potenzieller Käufer ein realistisches Urteil über die aktuelle Situation und die zukünftige Entwicklung des Unternehmens bilden.

Innenfinanzierung

Bei der Innenfinanzierung werden die benötigten Finanzmittel im betrieblichen Leistungs- und Umsatzprozess generiert.

Interest Coverage Ratio

vgl. Zinsdeckungsgrad

Internal Rate of Return

Der interne Zinsfuß („Internal Rate of Return“) ist diejenige Verzinsung, die auf das durch das Investitionsprojekt gebundene Kapital erzielt wird. Der interne Zinsfuß informiert über die Rendite von Investitionsprojekten bzw. über die Effektivverzinsung von Finanzierungsmaßnahmen.

Investment Grade

Ein Unternehmen (bzw. dessen Anleihen), das über eine gute bis sehr gute Bonitätsnote (Rating: z.B. mindestens „BBB-“ von Standard & Poors, bzw. mindestens „Baa3“ von Moodys) verfügt, erhält von einer Ratingagentur die Bewertung „Investment Grade“. Damit wird dem Unternehmen die Fähigkeit zur termingerechten Zinszahlung und Rückzahlung des geliehenen Kapitals attestiert.

Investmentbank

Die Geschäftstätigkeit einer Investmentbank besteht aus der Vermögensverwaltung ihrer Kunden, dem Handel mit Wertpapieren und der Beratung von Kunden bei Unternehmenskäufen und Übernahmen, Börsengängen und sonstigen Kapitalmarktgeschäften.

Joint Venture

Als Joint Venture wird ein Tochterunternehmen bezeichnet, das von zwei voneinander unabhängigen Unternehmen gegründet und geführt wird.

Junior Mezzanine

vgl. Equity Mezzanine

Kapitaldienst

Der Kapitaldienst ist der Zins- und Tilgungsdienst für aufgenommene Kredite.

Kartellrechtliche Prüfung

Im Rahmen einer kartellrechtlichen Prüfung entscheiden die zuständigen Kartellbehörden über die rechtliche Zulässigkeit des geplanten Unternehmenserwerbs durch einen bestimmten Käufer. Prüfungsgegenstand dieser komplexen Untersuchung ist, ob durch die Unternehmenstransaktion eine marktbeherrschende Stellung auf- oder ausgebaut wird und daraus eine Wettbewerbsbeschränkung bzw. -verzerrung resultiert.

Kaufpreis

Der Kaufpreis ist das vereinbarte Entgelt, das ein Käufer nach Kaufvertragsunterzeichnung an den Verkäufer zu entrichten hat.

Kaufvertrag

Der Kaufvertrag beinhaltet alle zum Abschluss der Transaktion notwendigen Details.

Konsortialkredit

Ein Konsortialkredit wird von mehr als einem Finanzinstitut (Konsortium) einem Kreditnehmer zur Verfügung gestellt. Insbesondere wegen seiner Größe oder des besonderen Risikos wird der Kredit nicht von einer einzelnen Bank, sondern von mehreren aus Gründen der Risikostreuung vergeben.

Kredit-Tranchen

Das zur Akquisitionsfinanzierung aufgenommene Fremdkapital setzt sich überwiegend aus vorrangigen Terminkrediten (Senior Term Loans) unterschiedlicher Tranchen (A-, B-, C-, D- etc. Tranchen) zusammen.

Kreditrisiko

Unter dem „Kreditrisiko " versteht man das spezifische Wagnis der Geschäftsbanken bei Gewährung von Krediten, dass beispielsweise vertraglich vereinbarte Zins- und Tilgungszahlungen teilweise oder vollständig ausfallen (Kreditausfallrisiko).

Kreditsicherheiten

Als Kreditsicherheiten fungieren Vermögensgegenstände (Sachen und Rechte), die den Gläubiger gegen das Ausfallrisiko (Kreditrisiko) aus einer Kreditgewährung absichern sollen.

Kreditvertrag

Ein Kreditvertrag ist ein Vertrag, durch den sich ein Kreditinstitut (Kreditgeber) gegenüber einer anderen Person bzw. einem anderen Unternehmen (Kreditnehmer) zur Gewährung eines Kredits zu den zwischen beiden Partnern vereinbarten Konditionen verpflichtet.

Large-Cap

vgl. Großunternehmen

Legal Due Diligence

Identifikation sämtlicher rechtlicher Risiken. Dient der Absicherung gegenüber potenziellen Rechtsverpflichtungen, die aus der Akquisition resultieren. Gesucht werden Deal Breaker.

Letter of Intent

Der Letter of Intent ist eine Absichtserklärung mit Vorvertragscharakter. Aus der Absichtserklärung resultiert keine rechtliche Bindung des potenziellen Käufers oder Verkäufers. Der LOI untermauert die Ernsthaftigkeit des Kaufinteresses und kreiert eine gegenseitige Vertrauensbasis.

Leveraged Buy-Out

Unter einem Leveraged Buy-Out (LBO) versteht man den Erwerb eines Unternehmens unter teilweiser Finanzierung des Kaufpreises durch Fremdkapital.

Long List

Eine Long List enthält eine Grobauswahl möglichst vieler geeigneter Käufer.

M&A-Akteur

Darunter versteht man sowohl den Unternehmensverkäufer als auch Kaufinteressenten, die in den M&A-Prozess involviert sind.

M&A-Boutique

M&A-Boutiquen sind unabhängige spezialisierte Beratungsunternehmen, die auf M&A-Beratungsdienstleistungen fokussiert sind.

M&A-Projekt

vgl. Unternehmensverkauf und Unternehmenskauf

M&A-Prozess

Ein M&A-Prozess gliedert sich aus Verkäufersicht in der Regel in vier Phasen: Vorbereitungsphase, Marktansprache, Beleuchtung finanzwirtschaftlicher Aspekte und Abschlussphase. Aus Käufersicht kommt zum Schluss noch die Post-Merger-Integration-Phase als fünfte Phase hinzu.

M&A-Transaktion

vgl. Unternehmensverkauf und Unternehmenskauf

M&A-Verkaufsprozess

vgl. M&A-Prozess

M&A-Verkaufstransaktion

vgl. Unternehmensverkauf

M&A-Wellen

vgl. Merger-Wellen

Management Buy-In

Unter einem Management Buy-In (MBI) versteht man den Erwerb eines Unternehmens durch ein externes Management-Team, um die Geschäftsleitung zusammen mit dem (oder anstelle des) bestehenden Managements zu übernehmen.

Management Buy-Out

Unter einem Management Buy-Out (MBO) versteht man den Kauf eines Unternehmens durch das eigene Management.

Management Case

Der vom Verkäufer zur Verfügung gestellte Businessplan des Zielunternehmens wird als „Management Case" bezeichnet.

Management-Präsentation

Management-Präsentationen werden oftmals kurz vor der Eröffnung des Datenraums abgehalten. Inhaltlich befasst sich eine Management-Präsentation mit noch offenen Fragen der Investoren sowie weiteren Details über das Unternehmen und die Unternehmensstrategie, die nicht aus dem Informationsmemorandum oder anderen Quellen ersichtlich sind.

Management Summary

vgl. Executive Summary

Mandatsvertrag

Im Rahmen einer M&A-Transaktion wird ein Mandatsvertrag zwischen dem Zielunternehmen und dem M&A-Berater geschlossen. Der Mandatsvertrag regelt im Detail die Transaktionsziele des Verkäufers und dessen Erwartungen gegenüber dem Berater.

Marketing Book

vgl. Informationsmemorandum

Marktansprache

Unter der Marktansprache im M&A-Prozess ist die Kontaktaufnahme zu potenziellen Käufern der Short List durch die Investmentbank bzw. M&A-Boutique zu verstehen.

Material Adverse Changes

Material Adverse Changes (MAC) bezeichnen erhebliche nachteilige Änderungen, die einer bestimmten Partei das Recht einräumen, aus der M&A-Transaktion auszutreten.

Mehrheitsbeteiligung

Eine Mehrheitsbeteiligung ist ein Begriff für den Fall, dass die Mehrheit der Anteile eines rechtlich selbstständigen Unternehmens einem anderen Unternehmen bzw. einer anderen Person gehört oder einem anderen Unternehmen bzw. einer andern Person die Mehrheit der Stimmrechte zusteht.

Memorandum

vgl. Informationsmemorandum

Merger

Der Begriff Merger (Fusion) beschreibt den Zusammenschluss zweier selbständiger Unternehmen zu einer rechtlichen sowie wirtschaftlichen Einheit.

Merger Multiples

vgl. Transaktionsmultiplikatoren-Verfahren

Merger-Wellen

Der Markt für M&A ist durch das periodische Erscheinen von Auf- und Abschwüngen geprägt. Dabei haben die einzelnen Merger-Wellen zwar unterschiedliche Treiber, aber als Auslöser lassen sich historisch stets externe Schocks feststellen, die in den betroffenen Branchen und Märkten einen Anpassungsdruck erzeugten.

Mergers & Acquisitions

Mergers & Acquisitions (M&A) sind Fusionen und Übernahmen von Unternehmen bzw. deren Teilbereichen oder Tochtergesellschaften.

Mezzanine-Kapital

Das Mezzanine-Kapital bezeichnet ein hybrides Finanzierungsinstrument, das die Merkmale von Eigen- und Fremdkapital kombiniert.

Mid-Cap

vgl. Mittelständisches Unternehmen

Minderheitsbeteiligung

Von einer Minderheitsbeteiligung spricht man, wenn ein Unternehmen oder eine Person die Minderheit der Anteile und/oder der Stimmrechte eines anderen Unternehmens hält.

Mittelständisches Unternehmen

In diese adjustierte Mittelstandsdefinition fallen alle Unternehmen, die eine Beschäftigtenzahl zwischen 25 bis 2.000 und einen Jahresumsatz zwischen zehn bis 500 Mio. Euro ausweisen.

Monitoring

Unter dem Monitoring ist die laufende Analyse des Kreditrisikos nach Transaktionsabschluss durch die akquisitionsfinanzierenden Banken zu verstehen.

Multiples

vgl. Multiplikatorenverfahren

Multiplikatoren

vgl. Multiplikatorenverfahren

Multiplikatorenverfahren

Bei den Multiplikatorenverfahren wird der gesuchte Wert des zu bewertenden Unternehmens anhand von Multiplikatoren, die aus den bekannten Marktwerten anderer börsennotierter Vergleichsunternehmen bzw. vergangener M&A-Transaktionen abgeleitet werden, ermittelt.

Nachfolgeregelung

Die Nachfolgeregelung steht oftmals bei Familienunternehmen an, sobald der bisherige geschäftsführende Gesellschafter aus Altersgründen von der Unternehmensführung zurücktreten möchte und ein Nachfolger gesucht wird.

Net Debt

vgl. Nettofinanzverbindlichkeiten

Net Debt Ratio

vgl. Dynamischer Verschuldungsgrad

Nettoansatz

vgl. Equity-Ansatz

Nettofinanzverbindlichkeiten

Die Nettofinanzverbindlichkeiten (Net Debt) sind die Summe aller Finanzverbindlichkeiten minus Barmittel.

NewCo

vgl. Einzweckgesellschaft

Non-Equity Kicker

Die Ausübung eines Options- bzw. Wandlungsrechts führt zu einer Verwässerung der bisherigen Gesellschafterrechte. Dieser Verwässerung kann mit der Vereinbarung eines „Non-Equity Kicker" entgegengewirkt werden, bei welcher der Mezzanine-Kapitalgeber an der Wertsteigerung des zu finanzierenden Unternehmens partizipiert, ohne selbst zum Gesellschafter zu werden.

Non-Recourse-Finanzierung

Bei der „indirekten Akquisition“ wird in der Regel eine Einzweckgesellschaft in der Rechtsform einer GmbH oder GmbH & Co. KG zwischen Käuferunternehmen und Gläubiger geschaltet. Dadurch wird die persönliche Haftung des Käufers auf die Eigenkapitaleinlage in die Einzweckgesellschaft beschränkt. Diese Form der Finanzierung, bei der ein Haftungsrückgriff auf das kaufende Unternehmen ausgeschlossen ist, wird in Fachkreisen „Non-Recourse-Finanzierung“ genannt.

Offene Beteiligung

Bei der offenen Beteiligung erwirbt der Investor Geschäftsanteile der Zielgesellschaft.

Öffentliche Auktion

Eine öffentliche Auktion findet in einem starken Wettbewerbsumfeld unter einer Vielzahl von Bietern statt und ermöglicht dadurch in der Regel einen hohen Verkaufspreis.

Offering Memorandum

vgl. Informationsmemorandum

Operativer Free Cash Flow

Die Zahlungsüberschüsse, die zur Befriedigung der Ansprüche aller Kapitalgeber – also sowohl der Eigen- als der auch Fremdkapitalgeber – zur Verfügung stehen, werden als operative Free Cash Flows bezeichnet.

Parallelverfahren

Im Zuge des Parallelverfahrens wird ein M&A-Berater damit beauftragt, eine ausgewählte Anzahl geeigneter potenzieller Käufer zu identifizieren und diese, nach Absprache mit dem Verkäufer, getrennt voneinander zu kontaktieren.

Physischer Datenraum

Unter einem physischen Datenraum versteht man die Sammlung relevanter Unternehmensunterlagen an einem festgelegten Ort bzw. Raum (oftmals beim Rechtsanwalt des Verkäufers).

Pitch Book

Das Pitch Book wird von einer Investmentbank bzw. M&A-Boutique im Vorfeld eines Beauty Contests erstellt. Das Pitch Book ist die Visitenkarte einer Investmentbank und umfasst, je nach voraussichtlichem Transaktionsvolumen, für gewöhnlich 60–80 Seiten.

Pitch-Präsentation

Eine Pitch-Präsentation bzw. ein Pitch ist die Bewerbung einer Anwaltskanzlei, Investmentbank oder eines Transaktionshauses um ein Beratungsmandat, z.B. im Rahmen eines Beauty Contests.

Poison Pills

Die bestehenden Aktionäre der Zielgesellschaft haben das Recht bei einem Übernahmeversuch eine bestimmte Anzahl an Aktien der Zielgesellschaft zu einem vergünstigten Preis zu beziehen.

Poison Put

Es bestehen Verträge mit den Fremdkapitalgebern des Zielunternehmens, die eine sofortige Rückzahlung der Kredite vorschreiben, sobald die Kontrolle des Zielunternehmens wechselt.

Post-Merger-Integration

Nachdem die M&A-Transaktion abgeschlossen ist, steht für den Käufer die Zusammenführung bzw. Integration des Zielunternehmens in seine eigene Unternehmensgruppe an. Diese Integrationsphase wird als Post-Merger-Integration-Phase (PMI-Phase) bezeichnet.

Principal-Agent-Konflikt

Unter „Principal“ versteht man die Eigentümer des Unternehmens, die je nach Unternehmensform die Gesellschafter oder Aktionäre sind. „Agents“ sind klassisch die Manager, welche die Interessen der Eigentümer wahren und das Unternehmen nachhaltig und wertschöpfend führen sollen. Wenn die Manager Entscheidungen nicht aufgrund langfristiger Unternehmensziele der Eigentümer, sondern z.B. aufgrund von eigenen umsatzbedingten Bonuszahlungen treffen, spricht man vom „Principal-Agent-Konflikt“.

Private Auktion

Zu einer privaten Auktion wird ein ausgewählter Kreis an potenziellen Käufern eingeladen. Regelmäßig ist eine Investmentbank mit der Auktionsvorbereitung und -durchführung betraut.

Private Equity

Unter Private Equity versteht man Eigenkapital, das von privaten oder institutionellen Anlegern bereitgestellt wird. Es wird von Beteiligungsgesellschaften (Private-Equity-Häusern) eingesetzt, um Unternehmensanteile für einen limitierten Zeitraum zu erwerben.

Prospectus

vgl. Informationsmemorandum

Purchase Agreement

vgl. Kaufvertrag

Retainer

Der Retainer ist eine erfolgsunabhängige Vergütungskomponente, die der M&A-Berater monatlich, für projektbezogene Kosten, vom Zielunternehmen erhält.

Revolving Credit Facility

vgl. Betriebsmittelkredit

Ring Fencing

Im Finanzbereich wird unter „Ring Fencing“ die Isolierung von einem bestimmten Projekt bzw. bestimmten Vermögenswerten verstanden, um sie vor externen Risikofaktoren zu schützen.

Sale-and-Lease-Back

Beim „Sale-and-Lease-Back“-Verfahren werden bestimmte Teile des betriebsnotwendigen (Anlage-)Vermögens an ein drittes Unternehmen (oftmals eine spezielle Leasinggesellschaft) verkauft, um sie im Anschluss wieder für das eigene Unternehmen zurück zu mieten bzw. zu leasen.

Schuldendienstfähigkeit

Die Schuldendienstfähigkeit drückt aus, ob ein Kreditnehmer in der Lage ist, den aufgenommenen Kredit in der vereinbarten Laufzeit zurückzuzahlen bzw. den Kapitaldienst zu den jeweiligen Zahlungsterminen zu bedienen.

Screening
Im Zusammenhang mit M&A-Vorgängen versteht man unter Screening die systematische Suche und Auswahl geeigneter Käufer in Abhängigkeit von spezifischen Anforderungen.

Selbstfinanzierung
Unter Selbstfinanzierung versteht man die interne Eigenfinanzierung durch Gewinnthesaurierung (offene Selbstfinanzierung) oder Auflösung von Gewinnrücklagen und stillen Reserven (stille Selbstfinanzierung).

Sell-Side
vgl. Unternehmensverkauf

Senior Mezzanine
vgl. Debt Mezzanine

Senior Term Loans
vgl. Senior-Terminkredit

Senior-A-Tranche
Die Senior-A-Tranche weist gegenüber den anderen Senior-Tranchen die kürzeste Kreditlaufzeit von meist nicht über sieben Jahren auf.

Senior-B-Tranche
Bei dieser Tranche wird der Kreditbetrag häufig in einer Einmalzahlung zum Laufzeitende zurückgezahlt („Bullet Repayment"). Die Laufzeit einer Senior-B-Tranche ist i.d.R. um ein Jahr länger als die einer Senior-A-Tranche. Aufgrund der längeren Laufzeit und der endfälligen Tilgung sind die Kreditkosten einer Senior-B-Tranche höher als die einer A-Tranche.

Senior-C-Tranche
Analog zu den B-Tranchen handelt es sich bei Senior-C-Tranchen um endfällige Darlehen, die eine um ein Jahr verlängerte Kreditlaufzeit als B-Tranchen aufweisen. Somit werden sie nach den B-

Tranchen zurückgeführt und weisen deshalb eine höhere Verzinsung auf.

Senior-Terminkredite

Senior-Terminkredite (Senior Term Loans) sind langfristige Finanzierungsinstrumente mit typischen Laufzeiten zwischen fünf bis neun Jahren, die nach einem im Vorfeld genau definierten Tilgungsplan zurückgeführt werden. Senior-Terminkredite gelten als die am geringsten ausfallgefährdeten Finanzierungsinstrumente bei Akquisitionsfinanzierungen, da sie i.d.R. gut besichert sind und im Falle einer Insolvenz vorrangig vor allen anderen Finanzierungsinstrumenten zurückgezahlt werden.

Share Deal

Erwirbt der Käufer im Rahmen einer M&A-Transaktion Unternehmensanteile (Shares) des Zielunternehmens, dann spricht man von einem Share Deal.

Short List

Auf der Short List befindet sich eine ausgewählte Anzahl der am besten geeigneten Käufer, die in der nächsten M&A-Phase angesprochen werden.

Short Profile

vgl. Anonymes Kurzprofil

Signing

Die Unterzeichnung des Kaufvertrags durch Käufer und Verkäufer wird als Signing bezeichnet.

Skaleneffekte

vgl. Economies of Scale

Special Purpose Company

vgl. Einzweckgesellschaft

Special Purpose Vehicle

vgl. Einzweckgesellschaft

Spin-off

Unter einem Spin-Off versteht man die Ausgliederung einer Organisationseinheit aus bestehenden Unternehmensstrukturen durch die Gründung eines eigenständigen Unternehmens.

Squeeze-Out

Ein Squeeze-Out ist ein Ausschlussverfahren zur Übertragung von Aktien der Minderheitsaktionäre auf den Hauptaktionär gegen angemessene Barabfindung.

Staggered Board

Es liegt eine zeitliche Staffelung der Verträge der Aufsichtsrats- und Vorstandsmitglieder vor. Dadurch wird dem feindlichen Erwerber der Austausch des bestehenden Managements und des Kontrollorgans erschwert.

Stille Beteiligung

Im Rahmen einer stillen Beteiligung wird der Investor zum stillen Teilhaber des Zielunternehmens und erhält entsprechend der geleisteten Einlage eine regelmäßige Dividende.

Stille Reserven

Stille Reserven sind nicht aus der Bilanz ersichtliche Teile des Eigenkapitals einer Unternehmung. Sie entstehen durch Unterbewertung von Aktiva und/oder Nichtaktivierung aktivierungsfähiger Vermögensgegenstände und/oder Verzicht auf mögliche Zuschreibungen und/oder Überbewertung von Passiva.

Stratege

vgl. Strategischer Investor

Strategic Due Diligence

Gründliche Prüfung, ob der Kaufinteressent seine strategischen Ziele anhand der Akquisition erreichen kann (Strategic Fit). Wichtigster Prüfungsgegenstand ist der Businessplan des Zielunternehmens. Gesucht werden Deal Maker.

Strategic Fit

Dieser Begriff kennzeichnet die Harmonie bzw. Passgenauigkeit zwischen dem kaufenden und dem verkaufenden Unternehmen. Je unterschiedlicher zwei Unternehmen dabei sind, desto schwieriger wird eine Unternehmenszusammenführung ausfallen und damit die Komplexität eines M&A-Vorhabens sein.

Strategische Allianz
Eine strategische Allianz ist eine Vereinbarung zwischen zwei oder mehr Unternehmen, bei bestimmten Geschäftsaktivitäten zu kooperieren, sodass jeder von den Stärken des anderen profitiert und Wettbewerbsvorteile erlangt.

Strategischer Fit
vgl. Strategic Fit

Strategischer Investor
Strategische Investoren sind an der Expansion und sinnvollen Diversifizierung ihrer Geschäftstätigkeit interessiert. Ihr Fokus liegt nicht auf der Erzielung rein kurzfristiger finanzieller Gewinne, sondern auf der Realisierung potenzieller Synergien und einem langfristigen Anlagehorizont.

Strukturierte Finanzierung
Die Schuldendienstfähigkeit, die eine entscheidende Bemessungsgrundlage für die Vergabe von Akquisitionsdarlehen repräsentiert, wird primär über eine Cash-Flow-Analyse ermittelt. Entgegen der Vergabe eines „typischen Bankkredits“ spielen bei „strukturierten Finanzierungen“ zur Besicherung der Kredite weniger Vermögensgegenstände als vielmehr die Cash Flows zur Schuldentilgung eine entscheidende Rolle.

Success Fee
Die Success Fee ist eine erfolgsabhängige Vergütungskomponente, die der M&A-Berater nach erfolgreichem Transaktionsabschluss vom Verkäufer erhält. Die Success Fee entspricht einem prozentualen Anteil am später erzielten Transaktionswert.

SWOT-Analyse
Eine SWOT-Analyse (Stärken-Schwächen-Chancen-Risiken-Analyse) stellt eine Positionierungsanalyse des Zielunternehmens gegenüber dem Wettbewerb dar.

Syndicated Loan
vgl. Konsortialkredit

Synergie
vgl. Synergieeffekt

Synergieeffekt
Unter einem Synergieeffekt versteht man die positive Wirkung, die sich aus dem Zusammenschluss oder der Zusammenarbeit zweier Unternehmen o.Ä. ergibt.

Synergiepotenzial
vgl. Synergieeffekt

Tax Due Diligence
Prüfung der steuerlichen Verhältnisse des Zielunternehmens und Identifikation steuerlicher Risiken. Gesucht werden Deal Breaker.

Tax Shield
Das Tax Shield bezeichnet die Steuerersparnis durch die Inanspruchnahme von Fremdkapital, Zinsen und andere Finanzierungskosten.

Teaser
vgl. Anonymes Kurzprofil

Tombstone
Ein M&A-Tombstone enthält übergeordnete Informationen über die jeweilige Transaktion. Genannt werden der Name des Verkäufers, des Käufers und des M&A-Beraters sowie die Art der Transaktion. Eine Online-Referenz dient einem M&A-Berater als Referenz auf seiner Webseite, wohingegen ein Plexiglas-Tombstone als persönliches Erinnerungsstück fungiert.

Track Record
Ein Track Record ist eine individuelle Referenzliste über Erfolge von Investitionen, Beratungsdienstleistungen etc.

Trading Multiples
vgl. Börsenmultiplikatoren-Verfahren

Transaction Multiples
vgl. Transaktionsmultiplikatoren-Verfahren

Transaktionsmultiplikatoren
vgl. Transaktionsmultiplikatoren-Verfahren

Transaktionsmultiplikatoren-Verfahren
Wie viel würde anhand in der Vergangenheit bereits vollzogener, vergleichbarer Transaktionen für das zu bewertenden Unternehmen heute approximativ bezahlt werden?

Transaktionsnebenkosten
Zu den Transaktionsnebenkosten zählen unter anderem Due Diligence-Kosten und Beratungskosten. Sie bewegen sich oftmals in einer Spanne von 3,5 % bis 5,0 % des Kaufpreises.

Transaktionsvolumen
Das Transaktionsvolumen setzt sich hauptsächlich aus dem Kaufpreis, den Finanzmitteln zur Ablösung bestehender Verbindlichkeiten gegenüber bisherigen Banken und Alteigentümern des Zielunternehmens sowie den Transaktionsnebenkosten (z.B. Due Diligence-Kosten oder Beratungskosten) zusammen.

Übernahme
vgl. Acquisition

Unternehmensbewertung
Eine Unternehmensbewertung dient der Ermittlung des Marktwerts des Eigenkapitals einer bestimmten Zielgesellschaft. Das Ergebnis einer Unternehmensbewertung ist immer eine Unternehmenswertspanne, die als Entscheidungsbasis dient.

Unternehmenskauf
Unter einem Unternehmenskauf versteht man entweder den Erwerb bestimmter oder aller Unternehmensanteile bzw. den Erwerb

bestimmter oder aller Vermögensgegenstände eines anderen Unternehmens.

Unternehmenskooperation

Im Rahmen einer Unternehmenskooperation (z.B. Joint Venture oder strategische Allianz) arbeiten die beteiligten Unternehmen freiwillig zusammen und bleiben rechtlich und in den nicht von der Kooperation betroffenen Bereichen wirtschaftlich selbständig.

Unternehmenstransaktion

vgl. Mergers & Acquisitions

Unternehmensverkauf

Unter einem Unternehmensverkauf versteht man entweder den Verkauf bestimmter oder aller Unternehmensanteile bzw. den Verkauf bestimmter oder aller Vermögensgegenstände an einen Dritten.

Unternehmenszusammenführung

vgl. Post-Merger-Integration

Unternehmenszusammenschluss

vgl. Merger

USPs

USP ist die Abkürzung für Unique Selling Proposition. USPs sollen durch Herausstellen des einzigartigen Nutzens, das eigene Produkt von den Konkurrenzprodukten abheben und den Konsumenten zum Kauf anregen.

Vendor Due Diligence

In der Vorbereitungsphase eines Verkaufsprozesses wird teilweise, vom Verkäufer vorausschauend, eine sogenannte Vendor Due Diligence (VDD) in Auftrag gegeben, die eine unabhängige Einschätzung des Zielunternehmens liefern soll. Untersucht werden dabei rechtliche und steuerliche Grundlagen sowie die Finanz-, Vermögens- und Ertragslage des Unternehmens.

Vendor Loan

vgl. Verkäuferdarlehen

Verbindliches Angebot

Nach einer erfolgreichen Verhandlungsphase unterbreitet der Kaufinteressent dem Verkäufer ein verbindliches Angebot (Binding Offer), das nicht ohne Weiteres zurückgezogen werden kann.

Verbundeffekte

vgl. Economies of Scope

Verkäuferdarlehen

Das Verkäuferdarlehen („Vendor Loan" oder „Seller Note") stellt eine Möglichkeit zur Überbrückungshilfe von divergierenden Kaufpreisvorstellungen zwischen Käufer und Verkäufer dar. Hierbei wird ein Teil des Kaufpreises in ein Darlehen umgewandelt. Der Verkäufer wird also vom Anteilseigner zum Darlehensgeber und gewährt dem Käufer des Zielunternehmens ein (meist nachrangiges) Darlehen.

Verkaufsexposé

vgl. Informationsmemorandum

Verkaufsobjekt

vgl. Zielunternehmen

Verkaufspreis

vgl. Kaufpreis

Verkaufsprozess

vgl. M&A-Prozess

Verkaufstransaktion

vgl. Unternehmensverkauf

Vermögensumschichtungen

Bei der Vermögensumschichtung wird Anlage- oder Umlaufvermögen, das nicht mehr im Unternehmen benötigt wird, veräußert. Somit erhält das Unternehmen schnell liquide Mittel.

Vertikale Integration

Unter einer vertikalen Integration versteht man einen Unternehmenszusammenschluss zweier Unternehmen, die sich auf einer vor-/nachgelagerten Produktions- oder Wertschöpfungsstufe befinden.

Vertraulichkeitserklärung

Im Rahmen einer Vertraulichkeitserklärung (NDA) verpflichten sich sowohl der Verkäufer als auch der potenzielle Käufer zur absoluten Geheimhaltung über das Transaktionsvorhaben und ausgetauschte vertrauliche Informationen.

Vertraulichkeitsvereinbarung

vgl. Vertraulichkeitserklärung

Vollfinanzierung

Im Rahmen einer Akquisitionsfinanzierung werden i.d.R. alle bestehenden Bankverbindlichkeiten des Zielunternehmens abgelöst und durch Bankdarlehen der akquisitionsfinanzierenden Bank(en) ersetzt. Dadurch soll gewährleistet werden, dass das Zielunternehmen durch Kreditverträge, in denen die Verpflichtungen des Zielunternehmens geregelt werden, vollwertig in die Akquisitionsfinanzierung eingebunden wird.

WACC-Ansatz

Der WACC-Ansatz zählt zu den Discounted-Cash-Flow-Verfahren. Nach diesem Ansatz wird zunächst auf der Grundlage der gesamten freien Cash Flows der Unternehmenswert (Enterprise Value) ermittelt. Dies erfolgt durch Abzinsen der zukünftigen Cash Flows mit den gewichteten durchschnittlichen Kapitalkosten des zu bewertenden Unternehmens. Anschließend werden vom berechneten Unternehmenswert die Nettofinanzverbindlichkeiten abgezogen, um so den Wert des Eigenkapitals (Equity Value) zu erhalten.

Walk away price

Der „walk away price" ist derjenige Preis, ab dem der Kaufinteressent von seinem Verkaufsvorhaben zurücktritt, da es ihm zu kostspielig wird.

Weighted Average Cost of Capital (WACC)

WACC ist die Abkürzung für Weighted Average Cost of Capital. Dabei handelt es sich um einen Mischzinssatz aus Eigen- und Fremdkapitalkosten.

White Knight

Ein befreundetes Unternehmen gibt ein höheres Übernahmeangebot ab und treibt somit den Kaufpreis in die Höhe. Neben einer Mehrheitsbeteiligung kann dieser „weiße Ritter" der Zielgesellschaft auch ersatzweise genügend Mittel zur Verfügung stellen, um die feindliche Übernahme zu verhindern.

Zielunternehmen

Im Rahmen eines Unternehmensverkaufs versteht man unter dem Zielunternehmen das zum Verkauf stehende Unternehmen.

Zinsdeckungsgrad

Die Kennzahl Zinsdeckungsgrad gibt Auskunft darüber, wie gut das Unternehmen in der Lage ist, seine Zinsen zu bedienen. Je höher der Zinsdeckungsgrad ist, umso leichter können die Zinsen aus dem im operativen Geschäft erwirtschafteten Ergebnis gespeist werden. (Zinsdeckungsgrad = EBIT / Zinsaufwand)

Literaturverzeichnis

Einzelwerke

Achleitner, A. K. (2002): Handbuch Investment Banking, 3. Auflage, Wiesbaden: Gabler

Becker, W.; Ulrich, P. (2012): Aufsichtsräte und Beiräte im Mittelstand. Theorien, Konzeption und Handlungsempfehlungen, Stuttgart: W. Kohlhammer

Behringer, S. (2013): Unternehmenstransaktionen. Basiswissen – Unternehmensbewertung – Ablauf von M&A, Berlin: Erich Schmidt

Eayrs, W. E.; Ernst, D.; Prexl, S. (2011): Corporate Finance Training. Planung, Bewertung und Finanzierung von Unternehmen, 2. Auflage, Stuttgart: Schäffer-Poeschel

Ernst, D.; Häcker, J. (2011): Applied International Corporate Finance, 2. Auflage, München: Vahlen

Ernst, D.; Schneider, S.; Thielen, B. (2012): Unternehmensbewertungen erstellen und verstehen. Ein Praxisleitfaden, 5. Auflage, München: Vahlen

Exler, M. W. (2006): MidCap M&A. Management für den Verkauf und die Bewertung von mittelständischen Unternehmen, Herne: Neue Wirtschafts-Briefe

Furtner, S. (2011): Management von Unternehmensakquisitionen im Mittelstand. Erfolgsfaktor Post-Merger-Integration, 2. Auflage, Wien: Linde

Iannotta, G. (2010): Investment Banking. A Guide to Underwriting and Advisory Services, Heidelberg: Springer

Janeba-Hirtl, E. (2005): Management-Buy-out. Der Wirtschaftsmotor, Wien: Linde

Jansen, S. A. (2008): Mergers & Acquisitions. Unternehmensakquisitionen und -kooperationen. Eine strategische, organisatorische und kapitalmarkttheoretische Einführung, 5. Auflage, Wiesbaden: Gabler

Marks, K. H. et al. (2012): Middle Market M&A. Handbook for Investment Banking and Business Consulting, Hoboken: Wiley & Sons

Mittendorfer, R. (2007): Praxishandbuch Akquisitionsfinanzierung. Erfolgsfaktoren fremdfinanzierter Unternehmensübernahmen, 1. Auflage, Wiesbaden: Gabler

Rickes, S.; von Hassell, J. (2008): So gewinnt der Mittelstand! Die Erfolgsmethode kleiner und mittlerer Unternehmen (und was die großen von ihr lernen können), Wiesbaden: Gabler

Trunk, T. (2010): Das Insider-Dossier: Die Finance-Bewerbung. Investment Banking, Private Equity, Corporate Finance & Co., 3. Auflage, Köln: squeaker.net

Wirtz, B. W. (2012): Mergers & Acquisitions Management. Strategie und Organisation von Unternehmenszusammenschlüssen, 2. Auflage, Wiesbaden: Springer Gabler

Sammelwerke

Bühler, S.; Bindl, C. (2012): Praktische Hinweise zur Organisation von Transaktionen in Konzernunternehmen, in: Picot, G. (Hrsg.): Handbuch Mergers & Acquisitions. Planung – Durchführung – Integration, 5. Auflage, Stuttgart: Schäffer-Poeschel, S. 178-201

Hackspiel, T. (2010): Unternehmensbewertung von KMU – Prozessuale und quantitative Besonderheiten, in: Müller-Stewens (Hrsg.): M&A Review. Ausgabe 3/2010, München: GoingPublic Media, S. 131-138

Hölters, W. (2005): Teil I: Mergers & Acquisitions, in: Höltners, W. (Hrsg.): Handbuch des Unternehmens- und Beteiligungskaufs, 5. Auflage, Köln: Dr. Otto Schmidt, S. 1-193

Jaques, H. (2012a): Einführung und Überblick über den Ablauf eines Unternehmensverkaufs, in: Ettinger, J.; Jaques, H. (Hrsg.):

Beck'sches Handbuch Unternehmenskauf im Mittelstand, München: C.H. Beck, S. 1-17

Jaques, H. (2012b): Phase 1: Vorbereitung des Unternehmensverkaufs, in: Ettinger, J.; Jaques, H. (Hrsg.): Beck'sches Handbuch Unternehmenskauf im Mittelstand, München: C.H. Beck, S. 18-139

Kohabe, R.; Hirdes, M. (2011): Finanzierung des Unternehmenskaufs, in: Lang, H. L.; Ossala-Haring, C. (Hrsg.): Kauf, Verkauf und Übertragung von Unternehmen, Weil im Schönbuch: HDS, S. 518-576

Mohr, P.; Bärtl, S. (2012): Mergers & Acquisitions: Die M&A-Beratung, in: Hockmann, H. J.; Thießen, F. (Hrsg.): Investmentbanking, 3. Auflage, Stuttgart: Schäffer-Poeschel, S. 238-276

Müller, B. (2010): Finanzierung des Unternehmenskauf, in: Sattler, A.; Broll, H. J.; Nüsser, S. (Hrsg.): Unternehmenskauf und -verkauf, Nachfolgeregelung, Sternenfels: Verlag Wissenschaft & Praxis, S. 171-198

Nüsser, S. (2010): Checklisten für Verträge, in: Sattler, A.; Broll, H. J.; Nüsser, S. (Hrsg.): Unternehmenskauf und -verkauf, Nachfolgeregelung, Sternenfels: Verlag Wissenschaft & Praxis, S. 281-288

Preisser, M.; Cavaillès, P. (2011): Unternehmenskauf im vorvertraglichen Stadium, in: Lang, H. L.; Ossala-Haring, C. (Hrsg.): Kauf, Verkauf und Übertragung von Unternehmen, Weil im Schönbuch: HDS, S. 5-43

Raupach, G. (2007): Das M&A-Geschäft, in: Hockmann, J.; Thießen, F. (Hrsg.): Investment Banking, 2. Auflage, Stuttgart: Schäffer-Poeschel 2007

Rochat, F.; Korp, J. (2010): Private Auktionen im M&A-Kontext – Ausgewählte Best Practice-Beispiele aus Verkäuferperspektive, in: Müller-Stewens, G.; Kunisch, S.; Binder, A. (Hrsg.): Mergers & Acquisitions. Analysen, Trends und Best Practices, Stuttgart: Schäffer-Poeschel, S. 268-288

Rodde, C. (2012): Akquisitionsfinanzierung, in: Hockmann, H. J.; Thießen, F. (Hrsg.): Investmentbanking, 3. Auflage, Stuttgart: Schäffer-Poeschel, S. 325-344

Sattler, A. (2010): Grundsätzliche Überlegungen zum Unternehmenskauf und -verkauf, in: Sattler, A.; Broll, H. J.; Nüsser, S. (Hrsg.): Unternehmenskauf und -verkauf, Nachfolgeregelung, Sternenfels: Verlag Wissenschaft & Praxis, S. 17-23

Sattler, A.; Seng, R. (2010): Unternehmensverkauf, in: Sattler, A.; Broll, H. J.; Nüsser, S. (Hrsg.): Unternehmenskauf und -verkauf, Nachfolgeregelung, Sternenfels: Verlag Wissenschaft & Praxis, S. 61-84

Timmreck, C.; Bäzner, B. (2012): Mergers & Acquisitions als strategisches Instrument im Rahmen der Branchenkonsolidierung, in: Picot, G. (Hrsg.): Handbuch Mergers & Acquisitions. Planung – Durchführung – Integration, 5. Auflage, Stuttgart: Schäffer-Poeschel, S. 105-132

Elektronische Quellen

Angermann M&A International (Hrsg.) (2013): Deal Report 2012. URL: http://www.angermann-ma.de/fileadmin/redaktion/downloads/deal_report/Angermann_Deal_Report_2012_final.pdf (abgerufen am: 30.07.2013)

Bundesministerium für Wirtschaft und Technologie (Hrsg.) (2013): German Mittelstand: Motor der deutschen Wirtschaft. Zahlen und Fakten zu deutschen mittelständischen Unternehmen. URL: http://www.bmwi.de/BMWi/Redaktion/PDF/Publikationen/factbook-german-mittelstand,property=pdf,bereich=bmwi2012,sprache=de,rwb=true.pdf (abgerufen am: 29.07.2013)

Deutsche Börse (2013): KTG Energie AG 12/18. URL: http://www.boerse-frankfurt.de/de/anleihen/ktg+energie+ag+12+18+DE000A1ML257 (abgerufen am: 29.09.2013)

Ernst & Young (Hrsg.) (2013): Entwicklung der DAX-30-Unternehmen im Geschäftsjahr 2012. Eine Analyse wichtiger Bilanzkennzahlen. URL: http://www.ey.com/Publication/vwLUAssets/Dax-30-Unternehmen_2012/$FILE/Dax30_Praesentation_2012.pdf (abgerufen am: 27.08.2013)

Europäische Kommission (2013): Was ist ein KMU?. URL: http://ec.europa.eu/enterprise/policies/sme/facts-figures-analysis/sme-definition/index_de.htm (abgerufen am: 24.08.2013)

Finanzen.net (2012): KTG Energie: Unternehmensanleihe zur Akquisitionsfinanzierung begeben. URL: http://www.finanzen.net/nachricht/aktien/KTG-Energie-Unternehmensanleihe-zur-Akquisitionsfinanzierung-begeben-2060156 (abgerufen am: 24.08.2013)

Gesellschaft für deutsche Sprache (GfdS) (2008): Wort des Jahres 2008: Finanzkrise. URL: http://www.gfds.de/presse/pressemitteilungen/111208-wort-des-jahres-2008/ (abgerufen am: 29.07.2013)

Bain & Company (Hrsg.) (2013): The renaissance in mergers and acquisitions: The surprising lessons of the 2000s. URL: http://www.bain.com/Images/BAIN_BRIEF_The_renaissance_in_mergers_and_acquisitions.pdf (abgerufen am: 28.09.2013)

Institut für Mittelstandsforschung (IfM) Bonn (2013): KMU-Definition des IfM Bonn. URL: http://www.ifm-bonn.org/mittelstandsdefinition/definition-kmu-des-ifm-bonn/ (abgerufen am: 24.08.2013)

Kunisch, S.; Müller-Stewens, G. (Hrsg.) (2009): Der Deutsche M&A-Markt 2008 – Im Zeichen der Finanzkrise. URL: http://www.ma-review.de/fileadmin/bilder/deal/Jahresrueckblick_2008.pdf (abgerufen am: 29.07.2013)

Lucks, K.; Media Planet (Hrsg.) (2009): Mergers & Acquisitions. Gute Chancen in schwierigen Zeiten. URL: http://www.zetesis.de/FAZ_120509-MA-komplett.pdf (abgerufen am: 29.07.2013)

Mergermarket (2013a): Mergermarket M&A Trend Report: 2013 – Including League Tables of Financial Advisors. URL:

http://www.mergermarket.com/pdf/Mergermarket.2013.FinancialAdvisorM&ATrendReport.pdf (abgerufen am 15.01.2014)

Mergermarket (2013b): Mergermarket M&A Trend Report: 2013 – Including League Tables of Legal Advisors. URL: http://www.mergermarket.com/pdf/Mergermarket.2013.LegalAdvisorM&ATrendReport.pdf (abgerufen am 15.01.2014)

Müller, C.; PricewaterhouseCoopers (Hrsg.) (2011): Transaktionen im Mittelstand – Bestandsaufnahme und Ausblick. URL: http://www.pwc.de/de_DE/de/mittelstand/assets/Transaktionen_im_Mittelstand_final.pdf (abgerufen am: 28.09.2013)

Müller, J.; Müller-Stewens, G. (Hrsg.) (2013): Same Same But Different – Jahresrückblick auf das deutsche M&A-Geschehen 2012. URL: http://www.ma-review.de/fileadmin/bilder/deal/Jahresrueckblick_2012.pdf (abgerufen am: 29.07.2013)

RBS Citizens Financial Group (2012): Middle Market M&A Outlook 2013. URL: http://www.citizensbank.com/pdf/MA_Outlook_2013.pdf (abgerufen am: 28.09.2013)

Reker, J.; Götzen, S.; Deloitte (Hrsg.) (2012): Mergers & Acquisitions im Mittelstand. URL: http://www.deloitte.com/assets/Dcom-Germany/Local%20Assets/Documents/13_FocusOn/Mittelstand/2012/M&A_Mittelstand.pdf (abgerufen am: 28.09.2013)

Schefter.net (2013): URL: http://www.aphorismen.de/zitat/246 (abgerufen am: 03.08.2013)

See, M.; Heinzelmann, N.; Deloitte (Hrsg.) (2012): M&A-Prozesse als wesentliche Komponente des Compliance-Management-Programms. URL: http://www.deloitte.com/assets/Dcom-Germany/Local%20Assets/Documents/13_FocusOn/M%20and%20A/2012/M&A_Forum_01_2012.pdf (abgerufen am 27.08.2013)

Spanninger, J.; Müller-Stewens, G. (Hrsg.) (2011): Jahresrückblick auf das deutsche M&A-Geschehen 2010. URL: http://www.ma-review.de/fileadmin/bilder/deal/Jahresrueckblick_2010.pdf (abgerufen am: 03.08.2013)

Stichwortverzeichnis

M

UTB

Eine Arbeitsgemeinschaft der Verlage

Böhlau Verlag · Wien · Köln · Weimar
Verlag Barbara Budrich · Opladen · Toronto
facultas.wuv · Wien
Wilhelm Fink · München
A. Francke Verlag · Tübingen und Basel
Haupt Verlag · Bern
Verlag Julius Klinkhardt · Bad Heilbrunn
Mohr Siebeck · Tübingen
Nomos Verlagsgesellschaft · Baden-Baden
Ernst Reinhardt Verlag · München · Basel
Ferdinand Schöningh · Paderborn · München · Wien · Zürich
Eugen Ulmer Verlag · Stuttgart
UVK Verlagsgesellschaft · Konstanz, mit UVK/Lucius · München
Vandenhoeck & Ruprecht · Göttingen · Bristol
vdf Hochschulverlag AG an der ETH Zürich